高等职业院校"十三五"课程改革优秀成果规划教材

工程制图习题集

主　编　徐文俊　林钰珍
副主编　陈鹏飞　杜海霞
主　审　陈杰峰

北京理工大学出版社
BEIJING INSTITUTE OF TECHNOLOGY PRESS

版权专有　侵权必究

图书在版编目（CIP）数据

工程制图习题集 / 徐文俊，林钰珍主编. —北京：北京理工大学出版社，2017.8
ISBN 978-7-5682-4548-7

Ⅰ.①工… Ⅱ.①徐… ②林… Ⅲ.①工程制图-高等学校-习题集 Ⅳ.①TB23-44

中国版本图书馆 CIP 数据核字（2017）第 188548 号

出版发行 / 北京理工大学出版社有限责任公司
社　　址 / 北京市海淀区中关村南大街 5 号
邮　　编 / 100081
电　　话 / （010）68914775（总编室）
　　　　　　（010）82562903（教材售后服务热线）
　　　　　　（010）68948351（其他图书服务热线）
网　　址 / http://www.bitpress.com.cn
经　　销 / 全国各地新华书店
印　　刷 / 三河市天利华印刷装订有限公司
开　　本 / 787 毫米 × 1092 毫米　1/16
印　　张 / 10.75　　　　　　　　　　　　　　　责任编辑 / 赵　岩
字　　数 / 106 千字　　　　　　　　　　　　　　文案编辑 / 赵　岩
版　　次 / 2017 年 8 月第 1 版　2017 年 8 月第 1 次印刷　责任校对 / 周瑞红
定　　价 / 28.00 元　　　　　　　　　　　　　　责任印制 / 李志强

图书出现印装质量问题，请拨打售后服务热线，本社负责调换

前 言

本习题集是以教育部高等学校工程图学教学指导委员会最新修订的《高等学校工程图学课程教学基本要求》为依据，采用最新发布的国家标准，并结合我校近年来在工程制图课程内容体系改革方面所取得的教学成果编写而成。内容有：制图的基本知识与技能；点、直线和平面的投影；投影变换；立体及其表面交线；组合体；轴测图；机件的表达方法；标准件与常用件；零件的技术要求；零件图；装配图；焊接图和 AutoCAD 二维绘图 13 章。本书突出了制图基本知识和基本技能的培养，题型全面，题目难度形成梯度，便于学生循序渐进，自主学习，也便于教师因材施教，灵活选用。本习题集可与机械类专业的工程制图教材配套使用，适用于近机械类、机械类专业，也可供其他工程设计人员参考使用。

本习题集由徐文俊，林钰珍任主编，其中徐文俊编写第 1~8 章，林钰珍编写第 9~13 章。

在本习题集的编写过程中，编者参考了国内的许多同类教材，在此向其作者深表谢意！

由于编者水平有限，加之时间仓促，难免存在缺点和不足，敬请读者批评指正。

编 者

目　　录

第 1 章　制图的基本知识与技能 ……………………………………………………………… 1
第 2 章　点、直线和平面的投影 ……………………………………………………………… 7
第 3 章　投影变换 ……………………………………………………………………………… 17
第 4 章　立体及其表面交线 …………………………………………………………………… 20
第 5 章　组合体 ………………………………………………………………………………… 28
第 6 章　轴测图 ………………………………………………………………………………… 38
第 7 章　机件的表达方法 ……………………………………………………………………… 40
第 8 章　标准件与常用件 ……………………………………………………………………… 52
第 9 章　零件的技术要求 ……………………………………………………………………… 56
第 10 章　零件图 ………………………………………………………………………………… 58
第 11 章　装配图 ………………………………………………………………………………… 66
第 12 章　焊接图 ………………………………………………………………………………… 80
第 13 章　AutoCAD 二维绘图 ………………………………………………………………… 82

第1章　制图的基本知识与技能

1-1　字体练习

1234567890

abcdefghijklmnopqrstuvwxyz

1234567890

ABCDEFGHIJKLMNOPQRSTUVWXYZ

密封环焊铆联结热处理弹簧主轴电机销键盘盖叉架壳体名称序号材料备注装配原理

调质渗碳涂料未注圆角倒其钢板铸铁青铜铝铅锌铬合金固定间隙过盈渡基准公差粗

班级　　　　姓名　　　　学号

1-2　根据各种图线的画法，照上图在下边重画一遍。

1-3　根据所给图形及尺寸，用1∶1的比例在指定位置画出该图形。

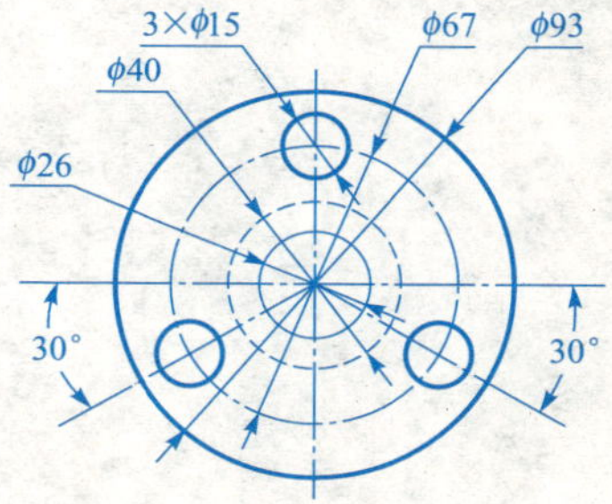

1-4 几何作图。

（1）作圆的内接正六边形。　　　（2）作圆的内接正五边形。　　　（3）作圆的内接正七边形。

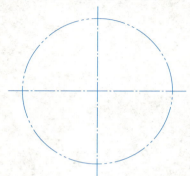 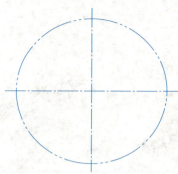 

1-5 在指定位置按 1:1 的比例画出所给图形。

（1） 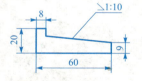 （2）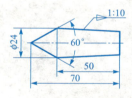

1-6 作椭圆，长轴 50 mm，短轴 30 mm。

班级　　　姓名　　　学号

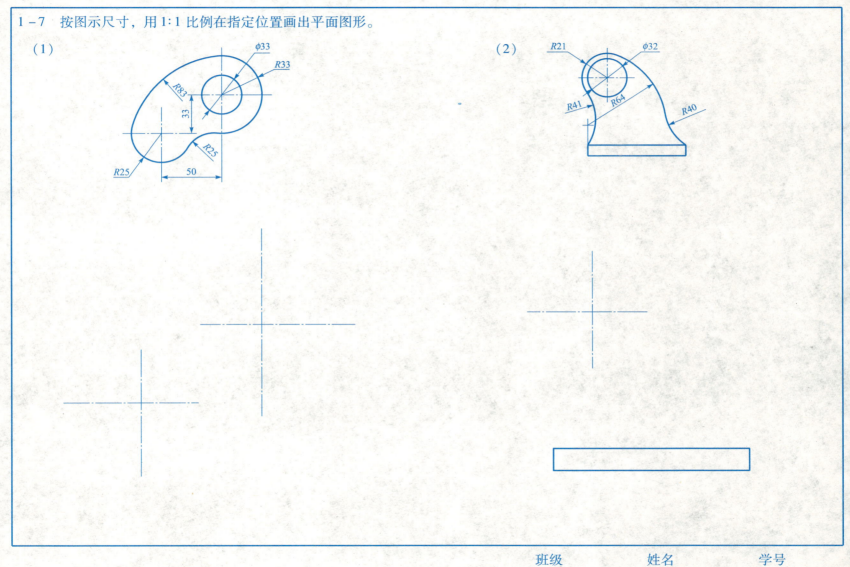

1-8 指出图中不合理或错误的尺寸注法,将正确的标注在右图中(尺寸数值在图中直接量取,并取整)。

(1)

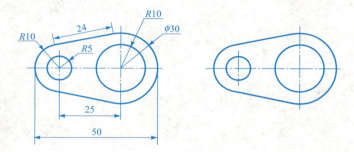

1-9 补全下列平面图形的尺寸标注(尺寸数值从图中直接量取并取整)。

(1)   (2)

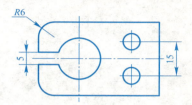

(2)

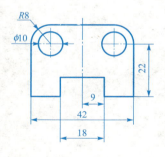
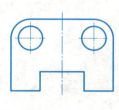

(3)   (4)

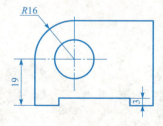
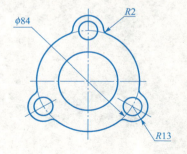

班级　　　　姓名　　　　学号

1-10　大作业：绘制如下平面图形，标注尺寸。
　　　　作业要求：
1. 作业名称：基本作图
   图纸幅面：A3
   绘图比例：1∶1
2. 掌握圆弧连接的作图方法和描深技巧，做到连接光滑，线条均匀；
3. 严格遵守国家标准有关图线、比例、字体和尺寸注法的相关规定；
4. 正确使用绘图工具，按步骤作图。

(1)

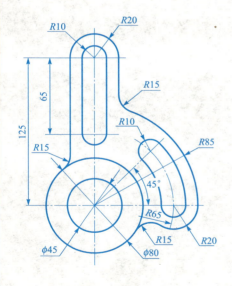

(2)

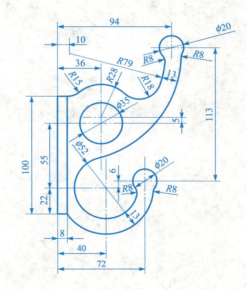

(3)

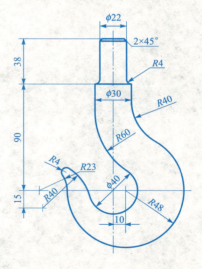

班级　　　姓名　　　学号

第 2 章 点、直线和平面的投影

2-1 已知空间点 A、B、C，作出它们的三面投影图。

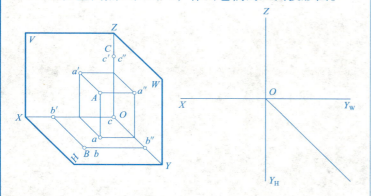

2-2 已知点 A、B、C 的两面投影，试作出它们的第三面投影和直观图。

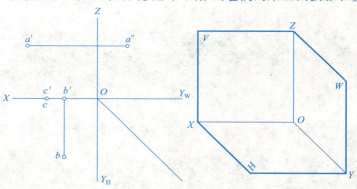

2-3 已知点 A、B 的一个投影和下列条件，求作其余两个投影：
(1) A 点与 V 面的距离为 20 mm；(2) B 点在 A 点的左方 10 mm。

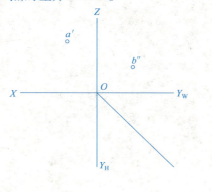

2-4 已知点 A 的投影，A 点距 V 面 20 mm，作出坐标轴及点 B (15, 10, 20) 的三面投影，并比较 A、B 两点的相对位置。

点 B 在点 A （上、下）方_____mm
（左、右）方_____mm
（前、后）方_____mm

2-5 已知点 A (20, 15, 25)，点 B 与点 A 同在垂直于 H 面的一条直线上且点 B 比点 A 低 10 mm，求作两点的三面投影，并标注出重影点的可见性。

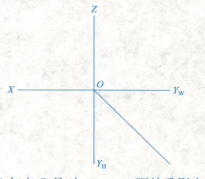

点 A 与点 B 是对_____面的重影点。

班级　　　　姓名　　　　学号

2-6 已知下列各直线的两面投影，求作第三投影，并在直线上写出该直线对投影面的相对位置。

2-7 对照立体图，分析三视图中所标各线段对投影面的位置关系。

(1)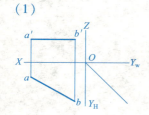

(2)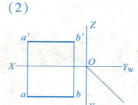

(3)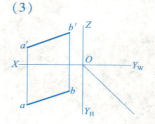

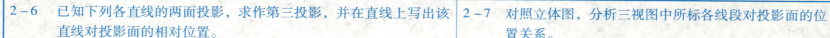

AB 是_____线

CD 是_____线

BC 是_____线

EF 是_____线

(4)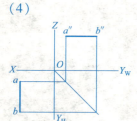

(5)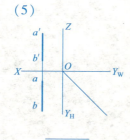

(6)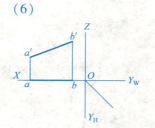

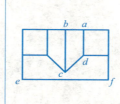

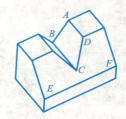

2-8 求各线段的实长，并求出线段 AB 对 H 面的倾角 α，线段 CD 对 V 面的倾角 β 和线段 EF 对 W 面的倾角 γ。

(1)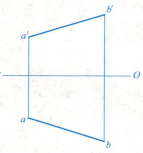

(2)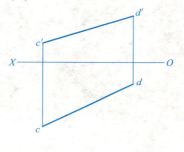

(3)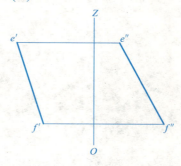

班级　　　姓名　　　学号

2-9 判断下列各图中的点 C 是否在直线 AB 上。

(1)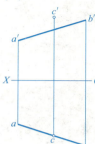

(2)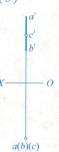

(3)

(4)

(5)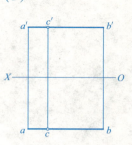

2-10 在直线 MN 上取一点 K，使 MK:KN = 3:2。

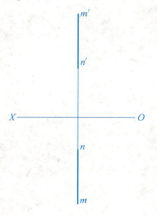

2-11 在直线 MN 上取一点 P，使 P 点到 H 面、V 面的距离之比为 3:2。

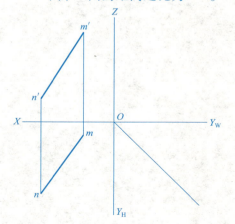

2-12 点 C 在直线 AB 上，点 C 到 H 面的距离为 16 mm，求点 C。

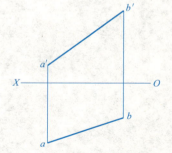

班级　　　　姓名　　　　学号

2-13 判断 AB、CD 两直线的相对位置。

(1) (2) (3) (4)

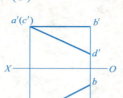
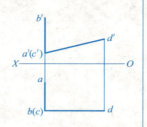

2-14 作一直线 GH 与直线 AB 平行，且与直线 CD、EF 相交。

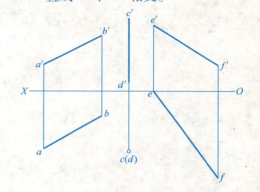

2-15 判断下列两直线是否垂直。

(1) (2) (3) (4)

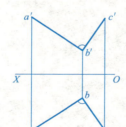
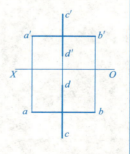

2-16 在交叉直线的重影点处判别可见性。

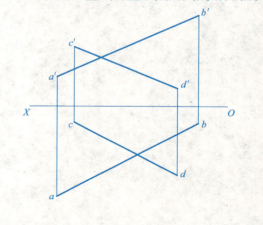

班级　　姓名　　学号

2-17 求作点到直线的最短距离（投影和实长）。
（1）　　　　　　　　　　　　　　（2）

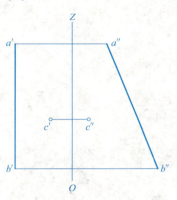

2-19 求作直线 AB 和直线 CD 之间的最短距离。

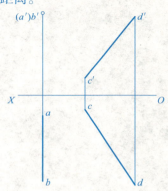

2-18 根据下列条件完成直角三角形 ABC 的两投影，其中 AB（正平线）为一直角边。
（1）另一直角边 BC 水平投影已知。　　（2）另一直角边 BC 实长为 50，α=30°。

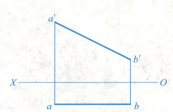

2-20 以 AB 为一边作等边 △ABC 的两投影，使点 C 在 H 面上。

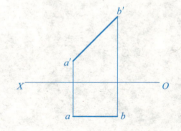

2-21 补画平面的第三面投影，并判定它们对投影面的位置关系。

（1） （2） （3） （4）

2-22 标注 A、B、C、D 四个面在另两视图中的投影，并说明它们相对投影面的位置关系。

（1）

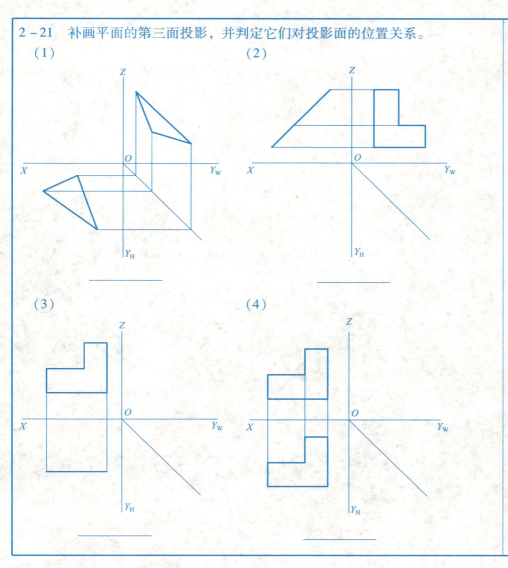

A 面是_____，B 面是_____
C 面是_____，D 面是_____

（2）

A 面是_____，B 面是_____
C 面是_____，D 面是_____

2-23 等边 △ABC ∥ W 面，C 点比 B 高，画出三角形的三面投影。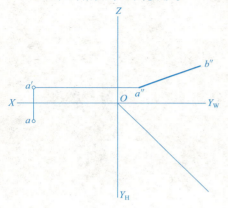	2-24 正方形 ABCD ⊥ V 面，一边 AD ∥ V 面，求作此正方形的三面投影。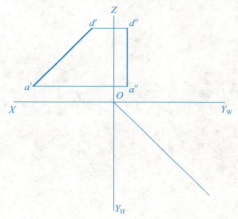	2-25 判断点 K 是否在平面 ABC 上。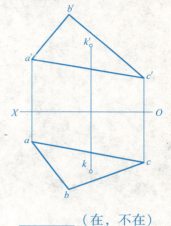 _____（在，不在）
2-26 作出 ABC 平面内 △DEM 的水平投影。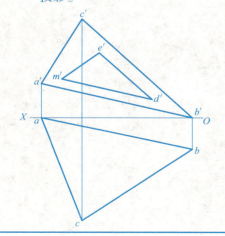	2-27 在 △DEF 内取一点 K，使其距 H 面 20 mm，距 V 面 30 mm。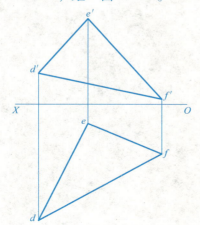	2-28 试完成平面 ABCDE 的投影。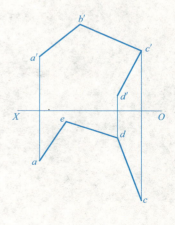

班级　　　　姓名　　　　学号

2-29 过点 E 作水平线与已知平面平行。
(1)　　　　　　　　　　(2)

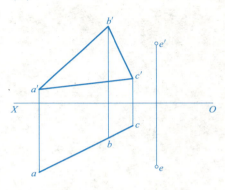

2-30 过点 A 作一正垂面与已知直线 DE 平行。

2-31 过点 E 作一平面与已知平面平行。

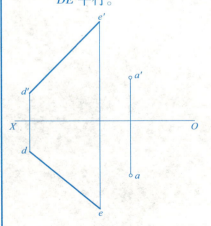
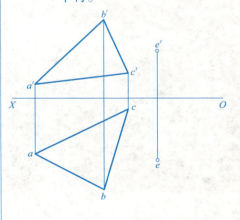

2-32 判断直线与平面、平面与平面的相对位置（平行、相交、垂直）。
(1)　　　　　　　　　　(2)

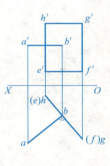

(3)　　　　　　　　　　(4)

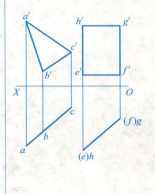
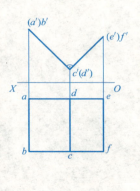

班级　　　姓名　　　学号

2-33 求直线 EF 与平面的交点，并判别可见性。

(1)

(2)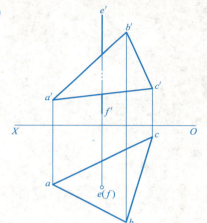

(3)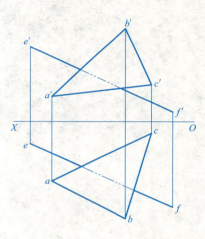

2-34 求两平面的交线，并判别可见性。

(1)

(2)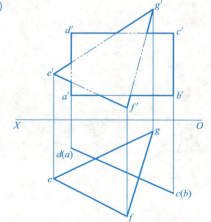

(3)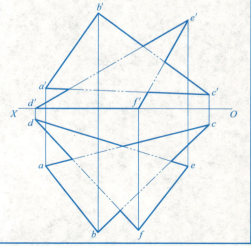

班级　　　姓名　　　学号

2-35 求作点 K 到已知平面的距离。

(1)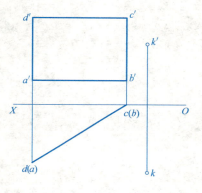

(2)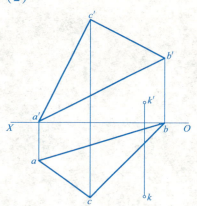

2-36 过点 K 作一平面，使其平行于直线 DE，且垂直于平面 ABC。

2-37 已知 △EFG 垂直于矩形 ABCD，试完成 △EFG 的 V 面投影。

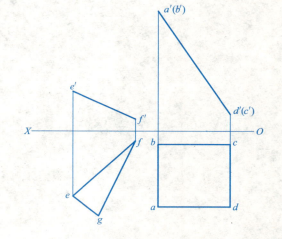

班级　　　姓名　　　学号

第3章 投影变换

3-1 求点 A 的新投影。

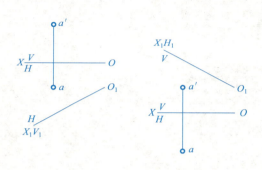

3-2 用换面法求直线 AB 的实长和 α 角，直线 CD 的实长和 β 角。

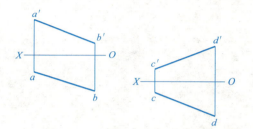

3-3 已知点 C 在直线 AB 上，AC = 25 mm，试用换面法求点 C。

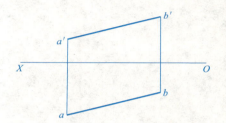

3-4 已知 α = 30°，求 a'b'。

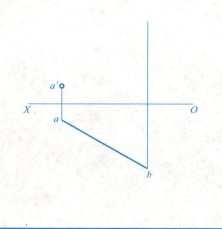

3-5 用换面法求点 A 到直线 BC 的距离（投影和实长）。

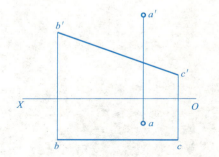

3-6 过点 M 做一直线与已知的一般位置直线 AB 垂直相交。

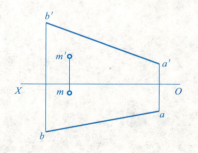

班级　　　　姓名　　　　学号

3-7 用换面法求两平行直线间的距离（投影和实长）。

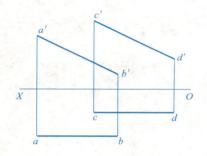

3-8 用换面法求相错两直线间的最短距离（投影和实长）。

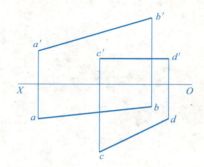

3-11 用换面法求平面的实形。
(1)

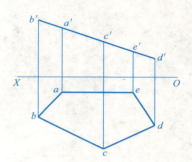

(2)

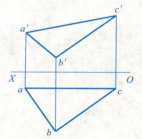

3-9 补全等腰三角形 CDE 的两面投影，边 CD = CE，顶点 C 在直线 AB 上。

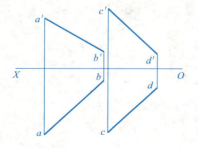

3-10 已知 AB 平行于 V 面，试作正方形 ABCD，使得 ABCD 与 V 面的倾角 $\beta = 45°$。

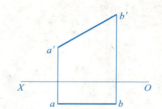

班级　　　姓名　　　学号

3-12 用换面法求点 D 到平面 ABC 的距离（投影和实长）。

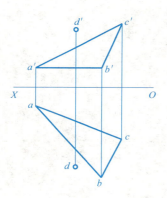

3-12 过点 A 作直线 AB，平行于三角形 CDE，并与直线 FG 交于点 B。

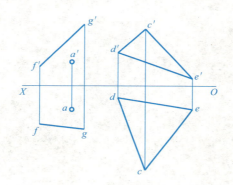

3-14 用旋转法求 AB 的实长和 α；求 CD 的实长和 β。

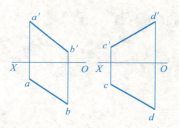

3-15 线段 AB 绕 O-O 轴旋转，使它与直线 CD 位于同一平面内。

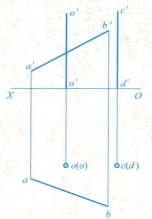

3-16 用旋转法求三角形 ABC 的实形。

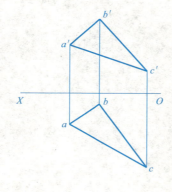

3-17 用旋转法求平面 ABC 对 H 面的夹角 α。

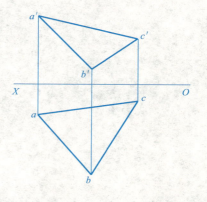

班级　　　姓名　　　学号

第4章 立体及其表面交线

4-1 根据平面立体的两面投影求其第三面投影,并作出其表面上各点或直线的其余投影。

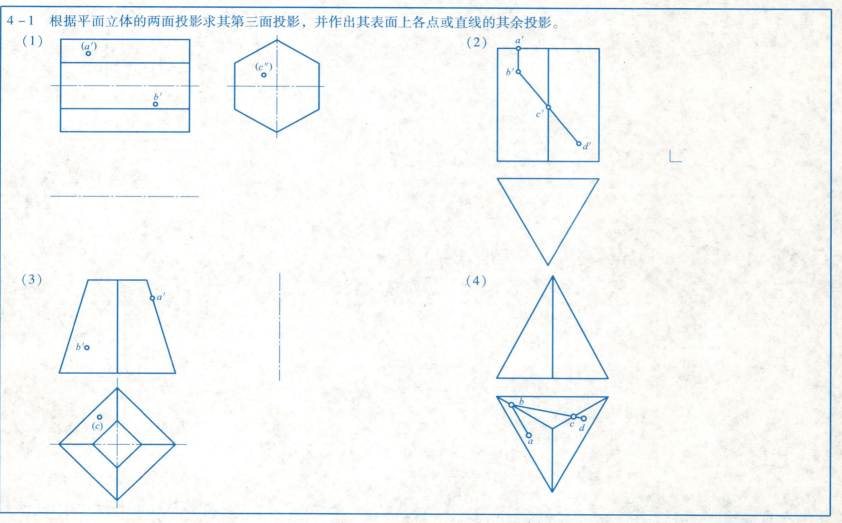

4-2 求作回转体表面上各点或线的其余投影。

(1)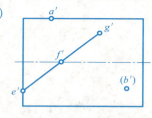

(2)

(3)

(4)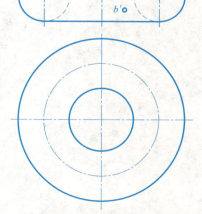

4-3 补全立体被截切后的投影。

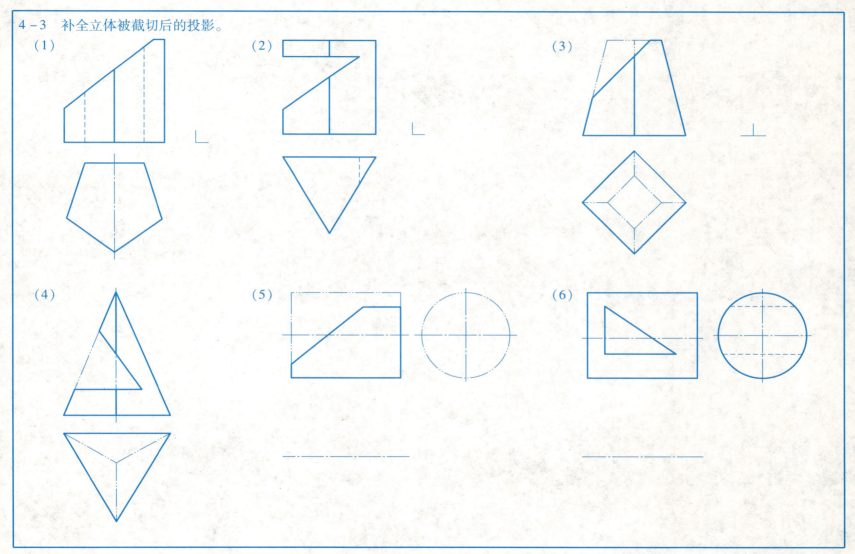

4-3 补全立体被截切后的投影(续)。

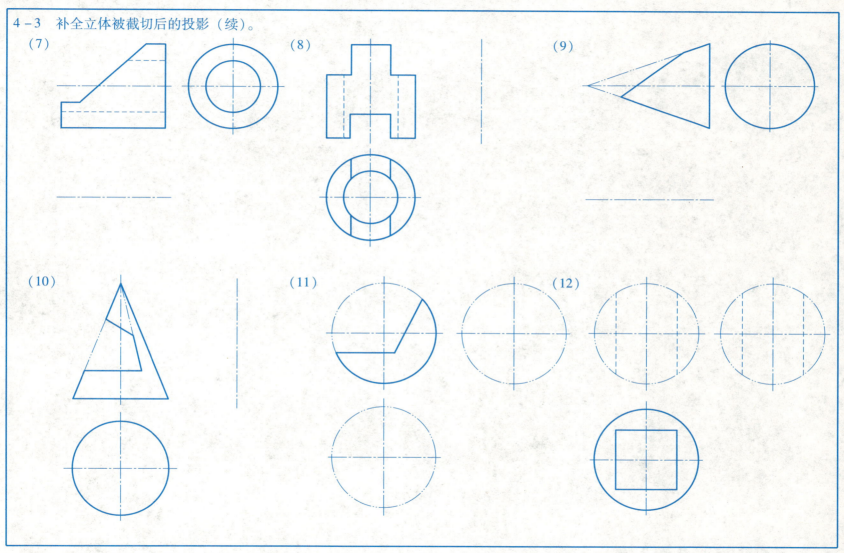

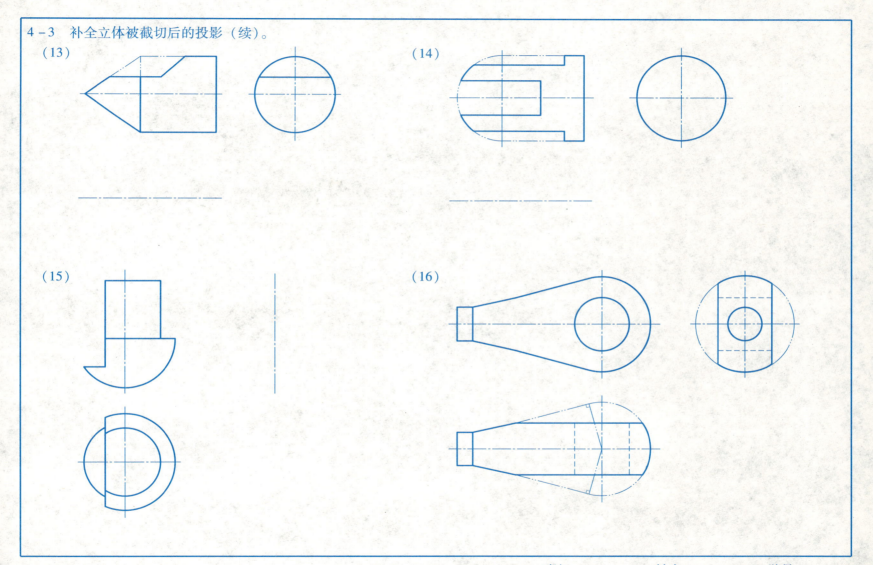

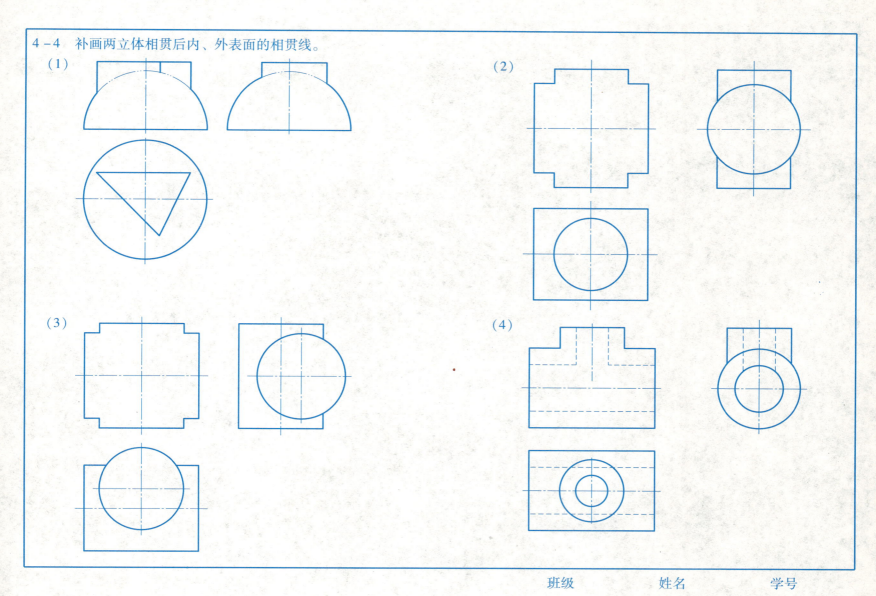

4-4 补画两立体相贯后内、外表面的相贯线（续）。

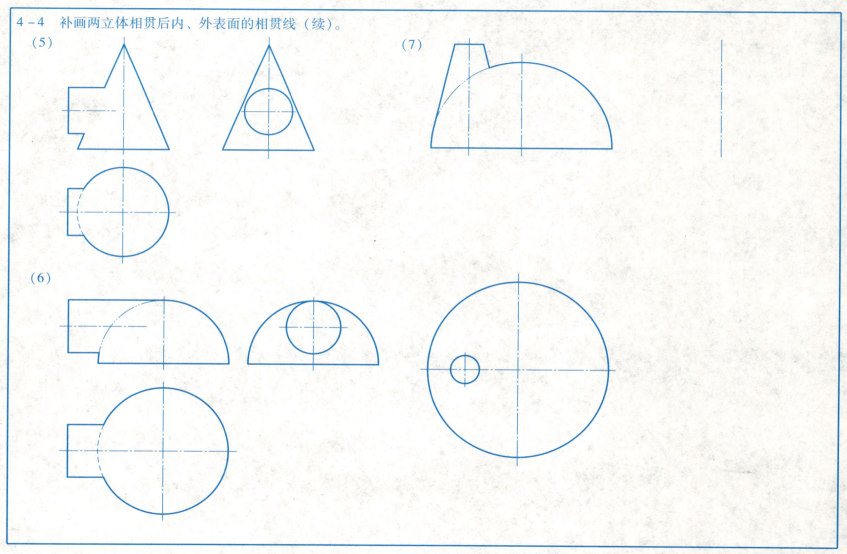

4-4 补画两立体相贯后内、外表面的相贯线(续)。

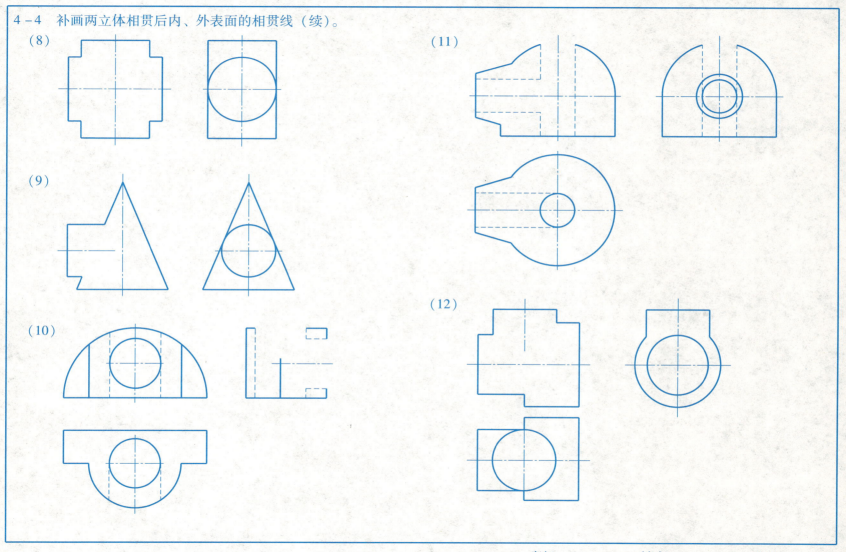

第5章 组合体

5-1 参照立体图，补全组合体三视图中所缺图线（包括虚线）。

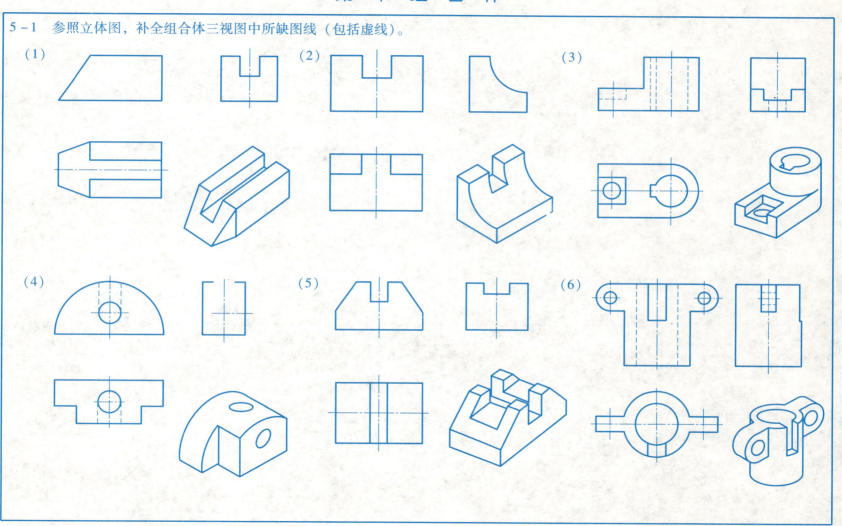

5-2 补全视图中所缺的图线（包括虚线）。

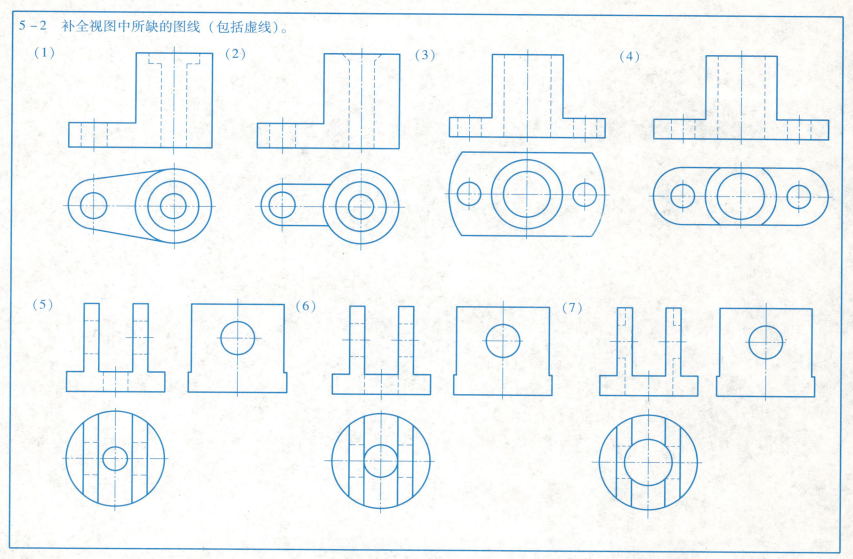

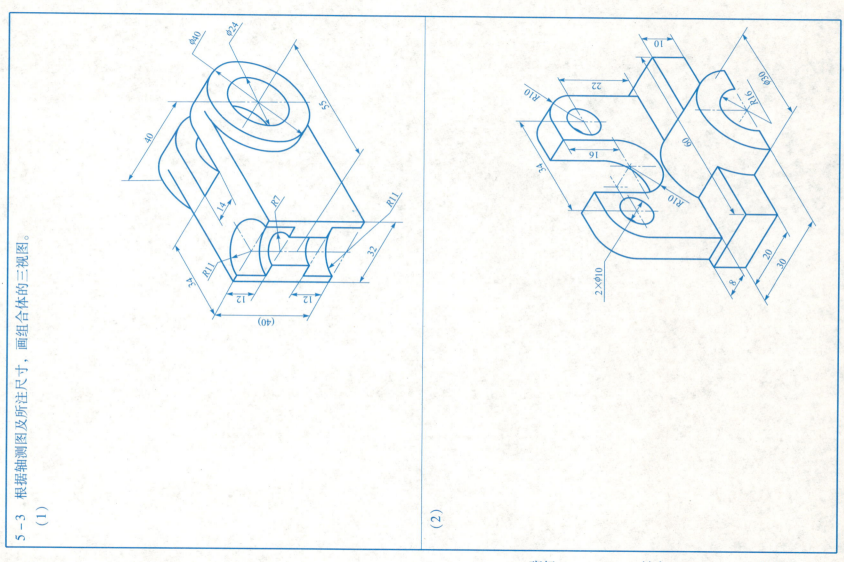

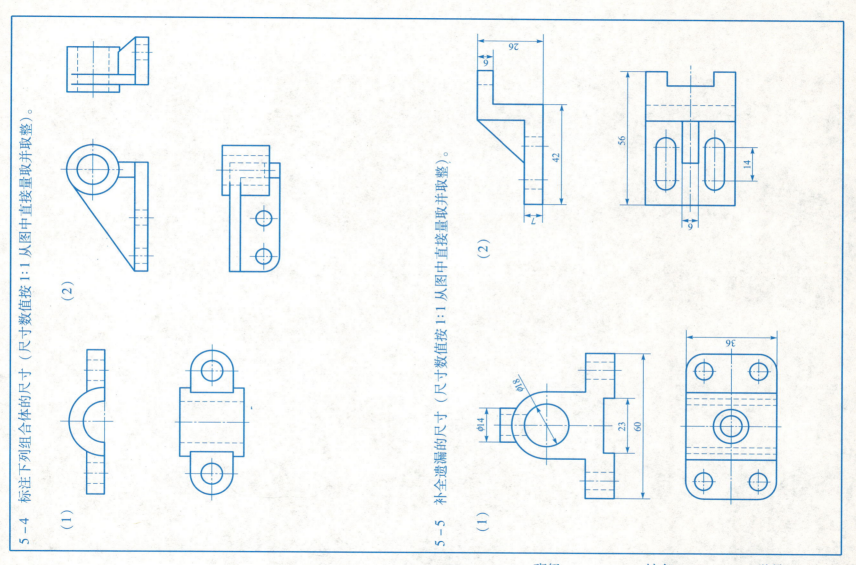

5-6 画组合体的三视图（大作业）

一、作业内容与要求

根据轴测图在 A3 图纸上用适当的比例画出组合体的三视图，并标注尺寸。

本作业共两题，选其中之一。要求正确完整地表达组合体的形状，尺寸标注要完整、清晰，并符合国家标准。

二、图名、图幅

图名：组合体的三视图

图幅：A3

三、作业指示

1. 在对所绘组合体进行形体分析的基础上，选择最佳的主视图放置位置和投影方向。
2. 选择适当比例，确定三视图在图纸中的布置位置。
3. 逐步画出组合体的三视图。
4. 标注尺寸时不要完全照轴测图中的尺寸注法，应重新考虑三视图中的尺寸布局。
5. 图面质量与标题栏的填写要求，同第一次制图作业。

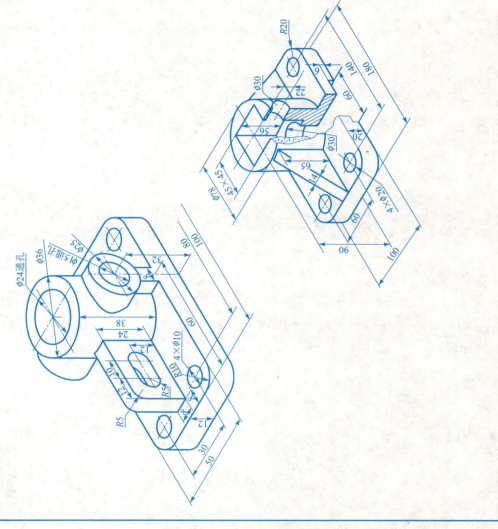

班级　　姓名　　学号

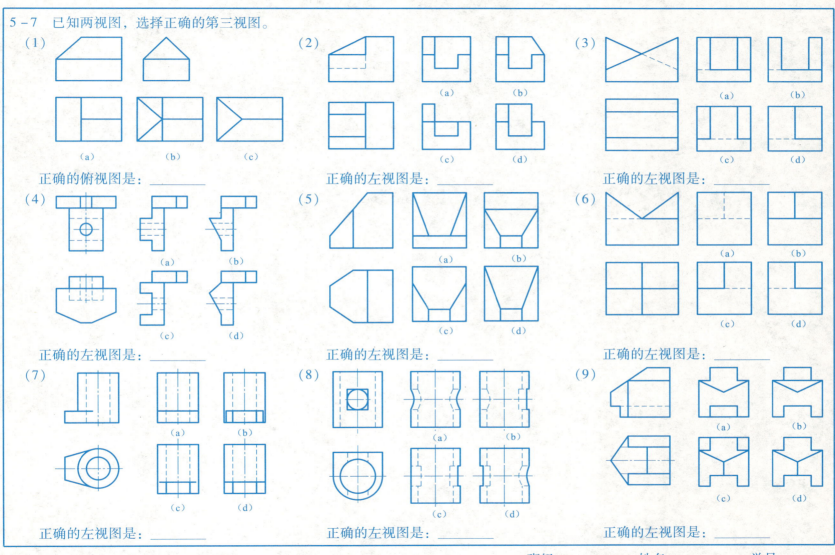

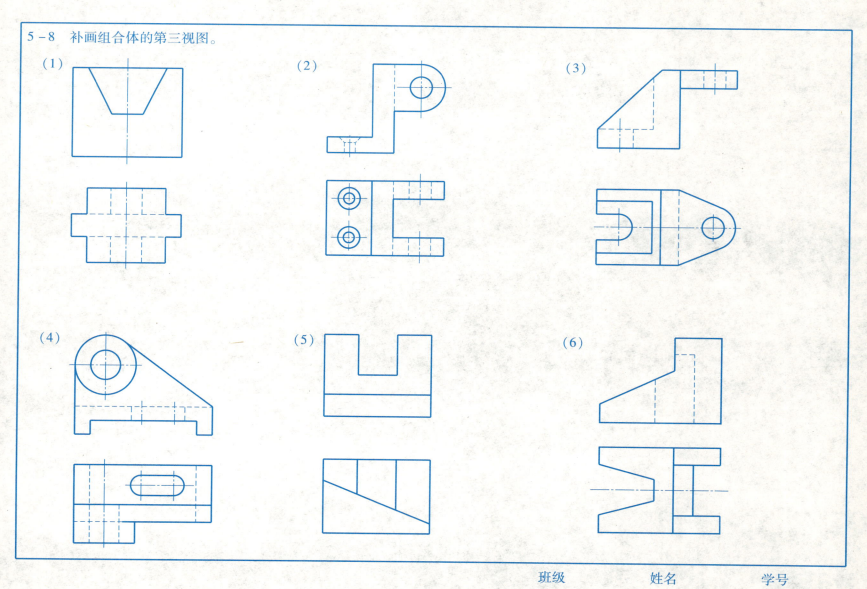

5-8 补画组合体的第三视图（续）。

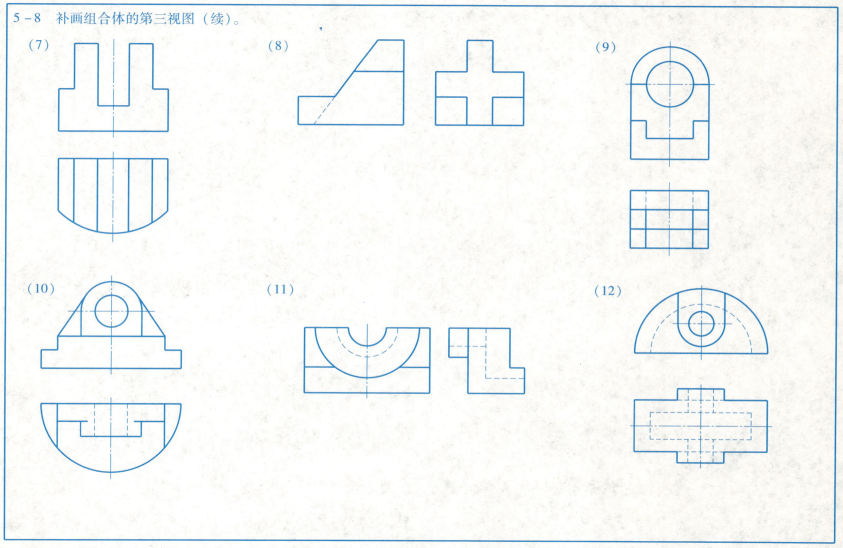

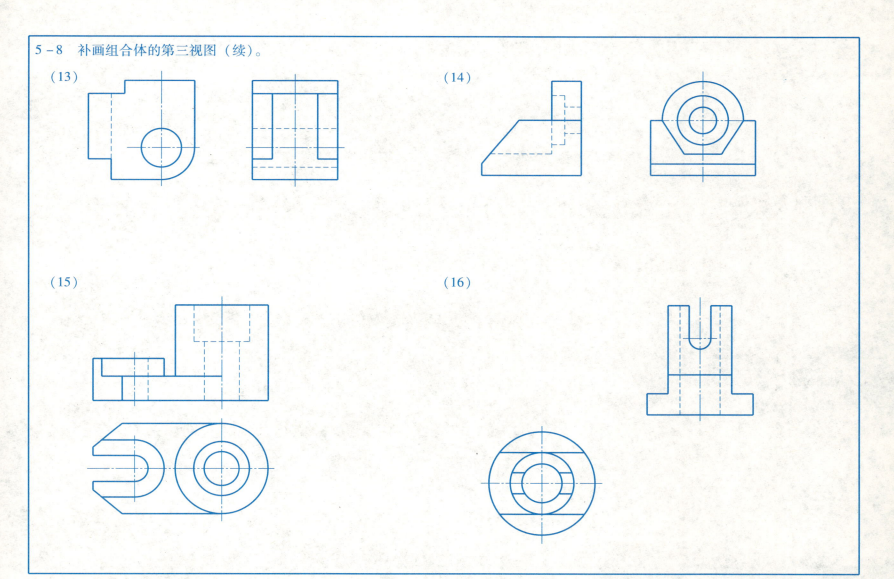

5-9 读图思体,构思练习。

(1) 根据给定的主、俯视图,构思不同形体,分别补画出左视图。　　(2) 根据给定的俯、左视图,构思不同形体,分别补画出主视图。

(3) 根据给定的主视图,构思不同形体,并画出俯、左视图。

a.

b.

班级　　姓名　　学号

第6章 轴测图

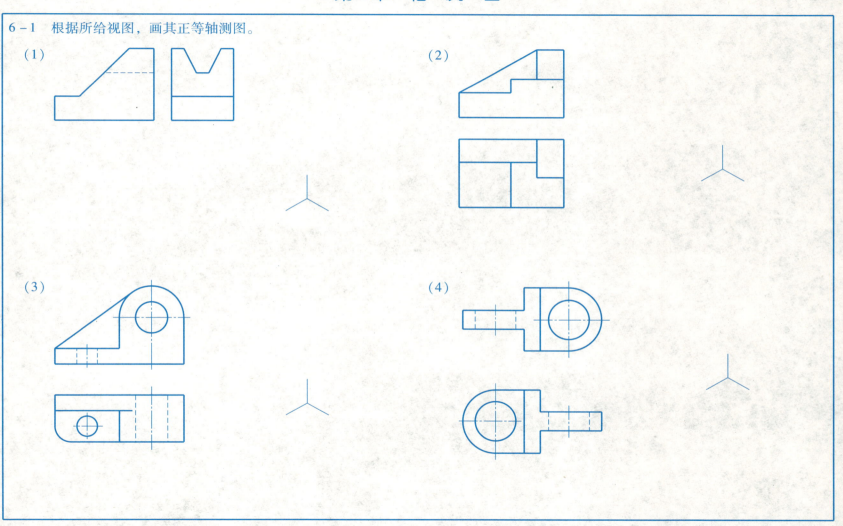

6-1 根据所给视图，画其正等轴测图。

(1)　　　　　　　　　　　　　　　(2)

(3)　　　　　　　　　　　　　　　(4)

6-2 根据所给视图，画其正面斜二等轴测图。

(1)

(2)
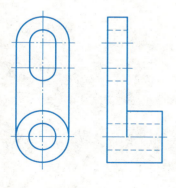

6-3 根据所给视图，徒手画出其正等轴测图。
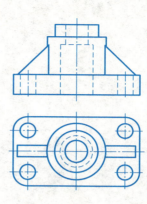
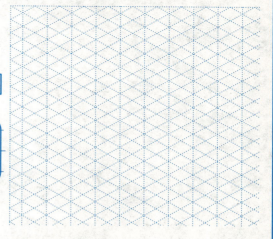

6-4 根据所给视图，徒手画出其正面斜二等轴测图。
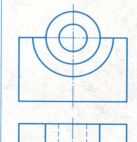
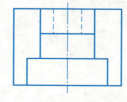
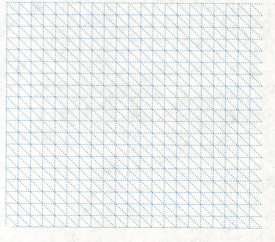

第7章 机件的表达方法

7-1 根据主、左视图画右视图。

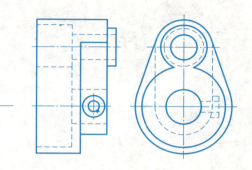

7-2 在指定位置画出 A 向和 B 向视图。

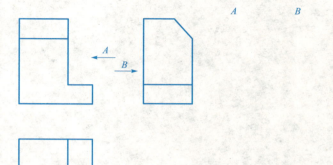

7-3 作机件的 A 向局部视图和 B 向斜视图。

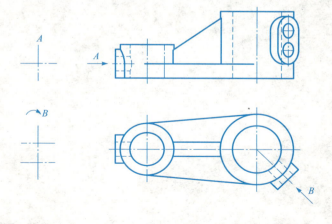

7-4 将左视图改为局部视图,并画出 A 向斜视图。

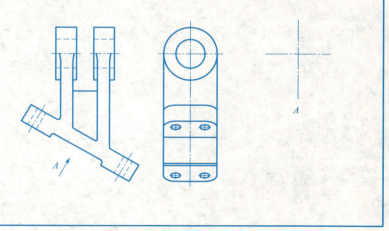

班级　　　姓名　　　学号

7-5　把主视图改画为剖视图（不需要的图线打"×"）。

(1)　　　　　　　　　　(2)　　　　　　　　　　(3)

7-6　补画图中缺漏的图线。

(1)　　　　　　　　　　(2)　　　　　　　　　　(3)

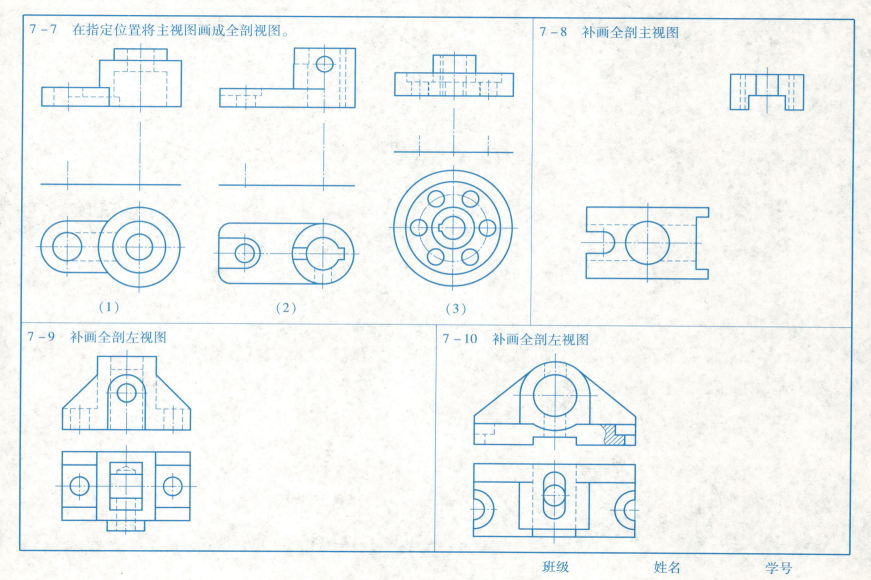

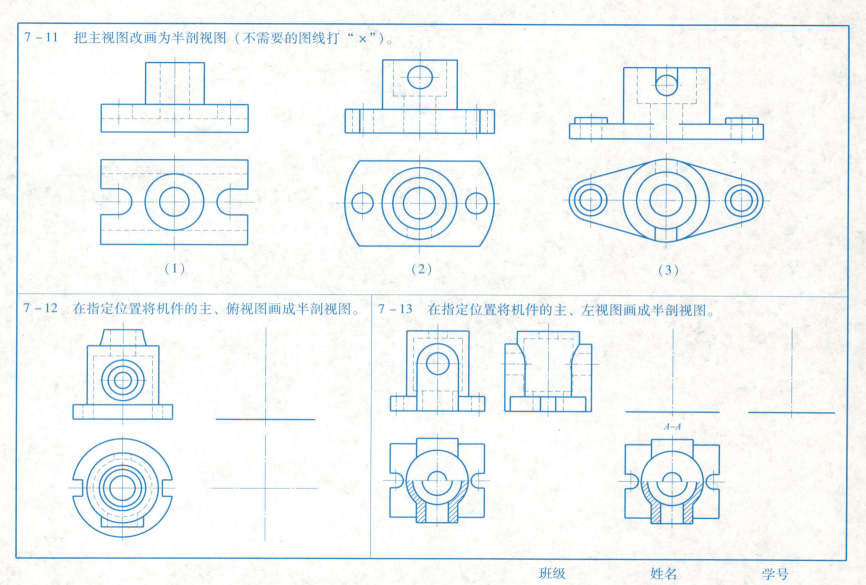

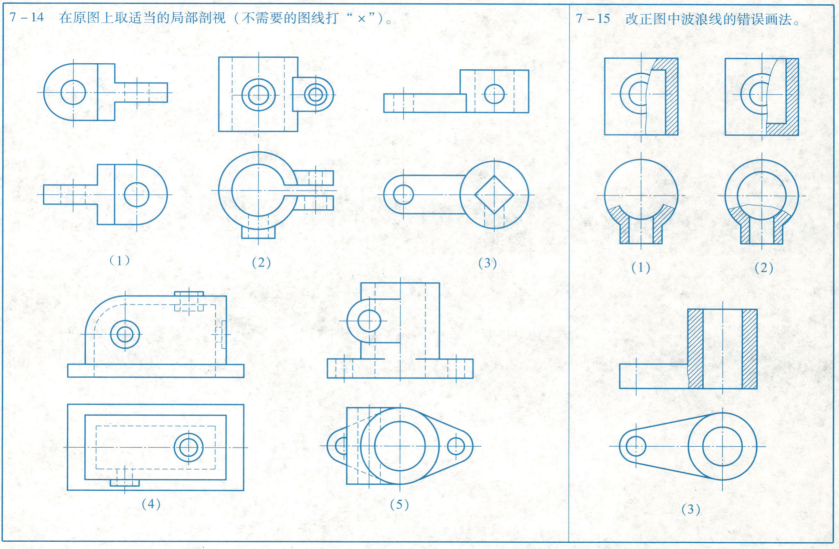

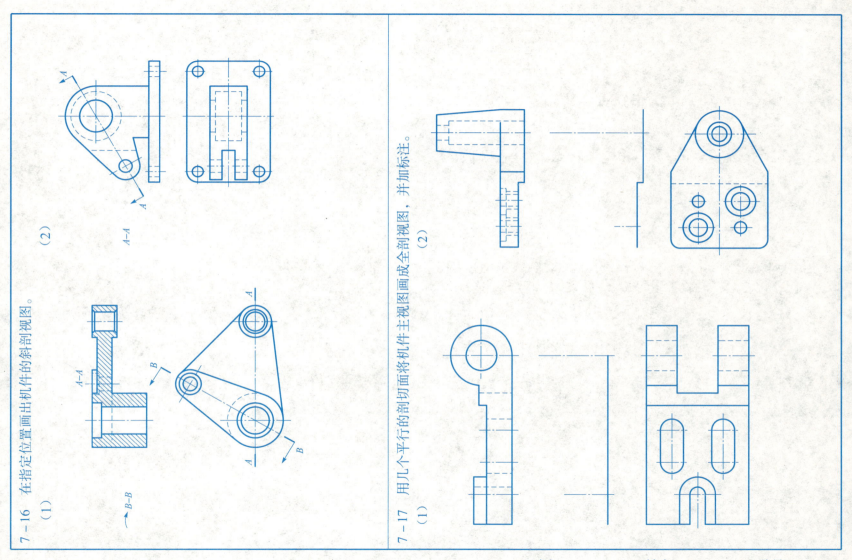

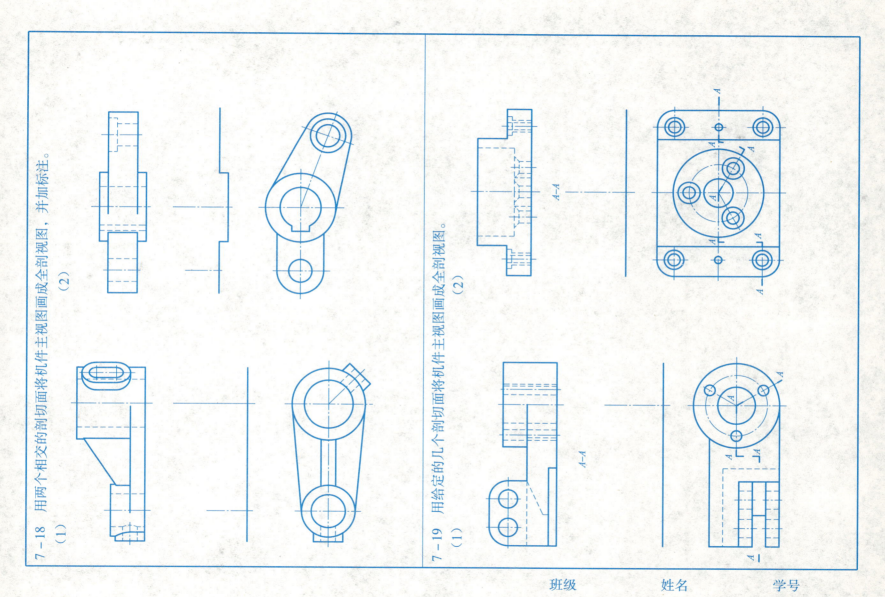

7-20　在指定位置画出移出断面图。

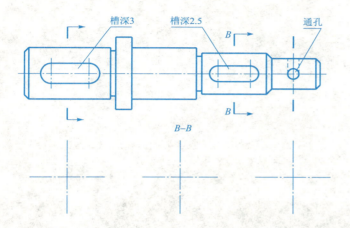

7-21　在指定位置画出移出断面图。

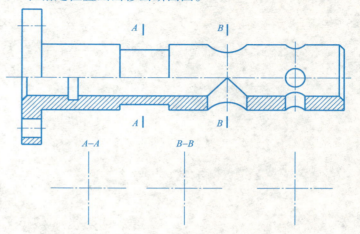

7-22　在俯视图中断处画出肋的断面图。

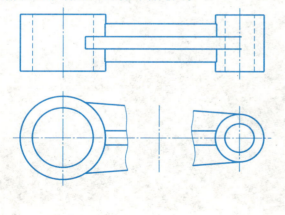

7-23　在指定位置画出肋的移出断面图。

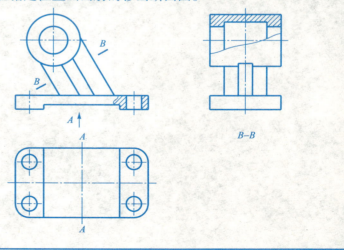

班级　　　姓名　　　学号

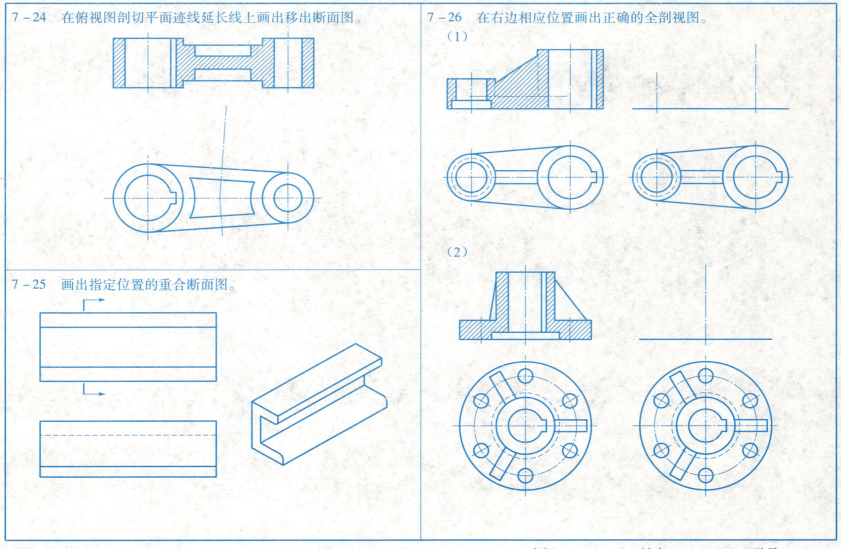

7-27 参照轴测图，将机件视图补充表达完整、清楚。

(1)

(2)

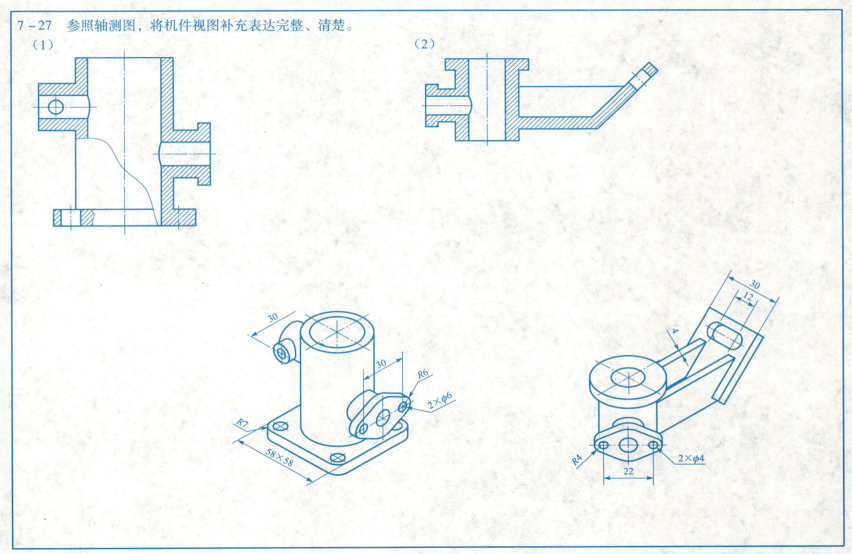

7-28 大作业

一、作业目的

1. 练习表达方案的选择和视图、剖视图的画法；
2. 练习尺寸标注。

二、作业内容和要求

1. 根据所给视图，读懂机件的内、外形结构形状；
2. 保持主视图放置位置不变，选择适当的表达方案，将机件内、外形表达完整、清楚；
3. 尺寸标注要正确、完整、清晰；
4. 图纸幅面：A3；
5. 图名：机座；
6. 绘图比例：1:1

三、作业指示

1. 确定表达方案时要注意将机件各组成部分内、外形表达完整、清楚；
2. 按所确定的表达方案在图纸上布置各视图，注意各视图应布置在视图中央，并预留足够空间以便标注尺寸；
3. 画草图：依次画出机件各组成结构的视图，并按确定的表达方案作相应的剖视；
4. 检查，描深图线；
5. 按照形体分析法依次标注出机件的定型、定位及总体尺寸。

(1)

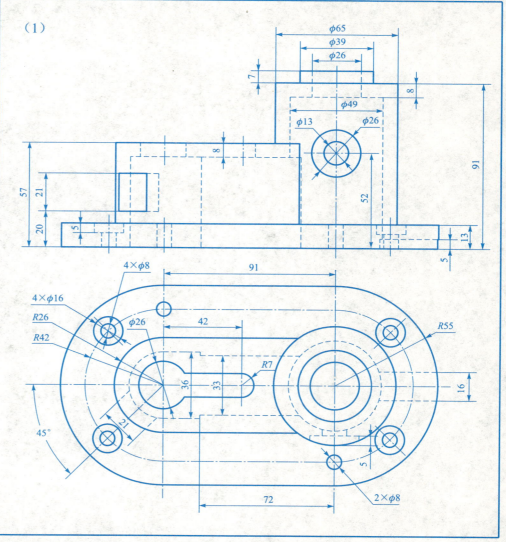

班级　　姓名　　学号

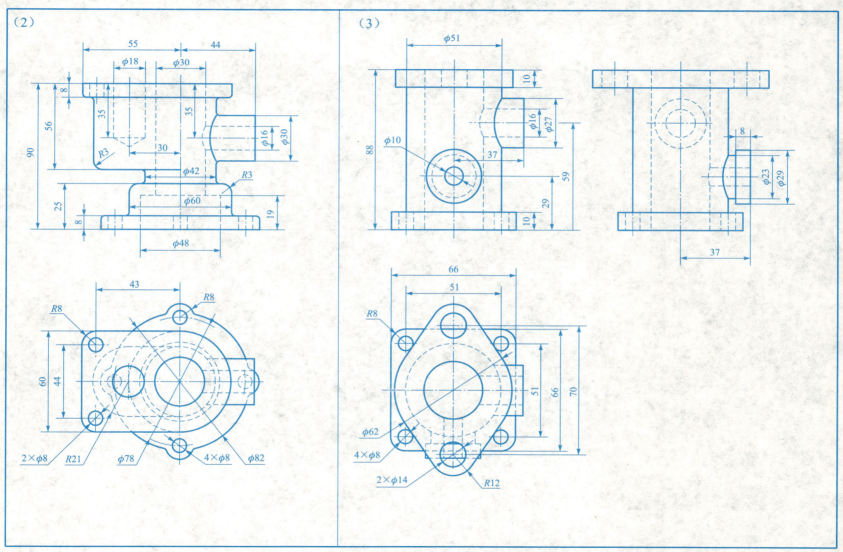

第8章 标准件与常用件

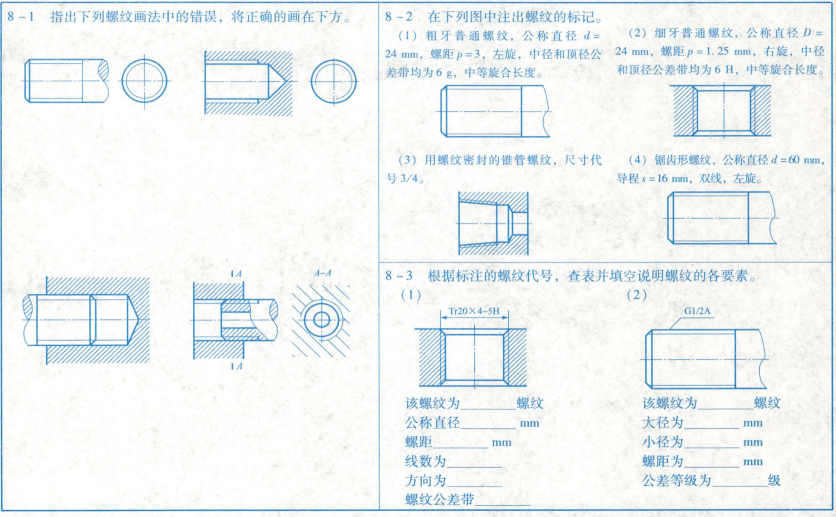

8-4 查表标注下列螺纹紧固件的尺寸，并写出其规定标记。

(1) 六角头螺栓，螺纹规格 d = M24，公称长度 l = 80 mm，标准号 GB/T 5780 - 2000。

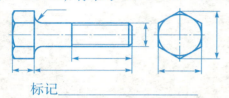

标记

(2) 双头螺柱，螺纹规格 d = M16，公称长度 l = 50，标准号 GB/T 897 - 1988。

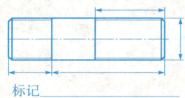

标记

(3) 六角螺母，螺纹规格 d = M24，标准号 GB/T 6170 - 2000。

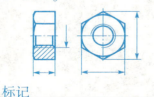

标记

8-5 指出图中错误，并在旁边画出正确的连接图。

(1) 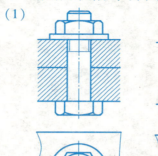 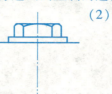 (2)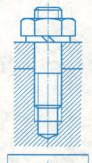

(3)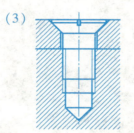

8-6 在 A3 图纸上绘制螺纹连接图（大作业）。

1. 作业内容：
(1) 画螺栓连接的两视图，比例 1:1
每块板厚 35 mm，板长约 80 mm，板宽 60 mm。
螺栓 GB/T 5780 M24 × l（自定）。
螺母 GB/T 6170 M24
垫圈 GB/T 97.1 24 - A140
(2) 画螺柱连接的两视图，比例 1:1
连接盖厚 35 mm，机体厚 65 mm，机体材料为铸铁。
板长约 80 mm，板宽 60 mm。
螺柱 GB/T 899 M24 × l（自定）。
螺母 GB/T 6170 M24
垫圈 GB/T 93 24
(3) 画螺钉连接的两视图，比例 2:1
连接盖厚 20 mm，机体厚 34 mm，机体材料为铸钢。
板长约 40 mm，板宽 30 mm。
螺钉 GB/T 67 M10 × l（自定）。
2. 图名：螺纹连接。

班级　　姓名　　学号

8-7 已知一直齿圆柱齿轮 $m=3$，$Z=20$，计算其分度圆直径、齿顶圆直径及齿根圆直径，补全该齿轮的两面投影图。

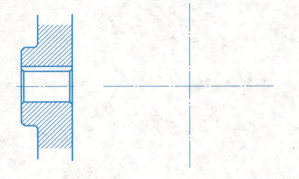

8-8 完成齿轮啮合图。

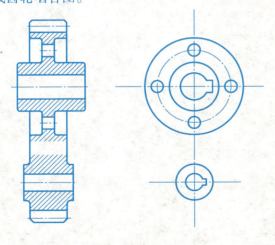

8-9 已知齿轮和轴，用A型普通平键连接，轴、孔直径为40 mm，键的长度为40 mm。
（1）写出键的规定标记。
（2）查表确定键及键槽的尺寸，用1:2的比例补全下列各视图和断面图，并标注键槽的尺寸。

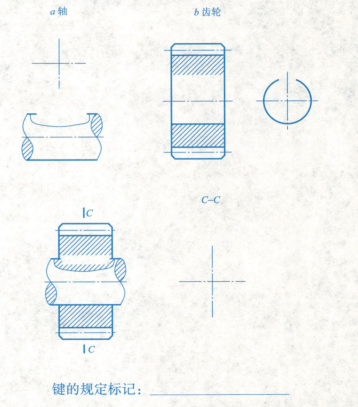

键的规定标记：_____

8-10　销及销连接

（1）选出适当长度的 φ6m6 圆柱销，画出销连接的装配图，并写出销的规定标记。

（2）选出适当长度的 φ5 圆锥销，画出销连接的装配图，并写出销的规定标记。

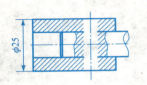
销的规定标记：_____

销的规定标记：_____

8-11　已知阶梯轴两端支承轴肩处的直径分别为 25 mm 和 20 mm，用 1:1 的比例画出支承处的滚动轴承（规定画法）。

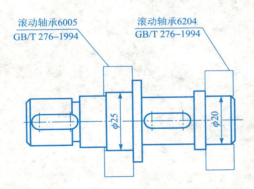

8-12　已知圆柱螺旋压缩弹簧的簧丝直径 $d=5$ mm，弹簧外径 $D=55$ mm，节距 $t=10$ mm，有效圈数 $n=7$，支承圈数 $n_0=2.5$，右旋。用 1:1 的比例画出弹簧的全剖视图。

班级　　　　姓名　　　　学号

第9章 零件的技术要求

9-1 已知零件标明加工要求，标注表面粗糙度符号。

（1）小轴   （2）支座

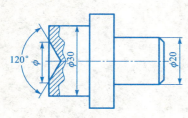
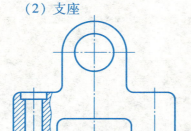

φ20、φ30 圆柱面 √Ra 3.2，右端面 √Ra 12.5，
120°内锥面 √Ra 1.6，其余 √Ra 6.3

底面 √Ra 12.5，两个小孔 √Ra 25，
轴孔 √Ra 3.2，其余 √

9-2 根据零件图上标注的偏差数值，在装配图上标出相应的配合代号。

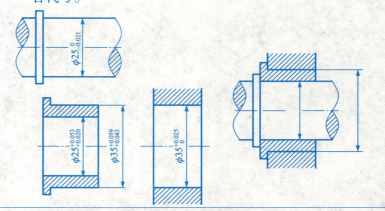

9-3 找出图1中表面粗糙度符号在标注方面的错误，并在图2中作正确的标注。

图1   图2

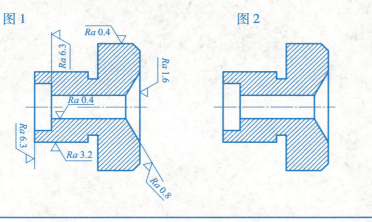

9-4 根据装配图中的配合尺寸，在零件图中注出基本尺寸和上下偏差数值，并说明属于何种配合制度和配合种类。

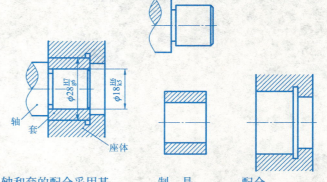

(1) 轴和套的配合采用基_____制，是_____配合。
(2) 套和座体的配合采用基_____制，是_____配合。

班级   姓名   学号

9-5 将下列各题中用文字说明的几何公差以符号和代号的形式标注在图上。

(1)

顶面的平面度公差为 0.03

(2)

A 面对 B 面的垂直度公差为 0.05

(3)

φ60g6 的圆柱度公差为 0.01

(4)

φ38H7 的轴线对右端面的垂直度公差为 0.04

(5)

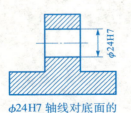

φ24H7 轴线对底面的平行度公差为 0.02

(6)

槽 A 的两侧面对距离为 80 的两平面的对称度公差为 0.06

(7)

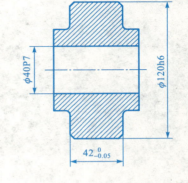

φ120h6 对 φ40P7 轴线的圆跳动公差为 0.015，φ120h6 的圆度公差为 0.004

(8)

φ25k6 对 φ20k6 和 φ17k6 的同轴度公差为 0.025，端面 A 对 φ25k6 轴线的圆跳动公差为 0.004；端面 B、C 分别对 φ20k6 和 φ17k6 轴线的圆跳动公差为 0.04，键槽对 φ25k6 轴线的对称度公差为 0.01。

第10章 零件图

10–1 根据立体图画零件图。

作业要求：

1. 根据立体图，看懂各零件的结构形状，选择恰当的表达方法，完整、正确、清晰地表达零件；
2. 根据选定的表达方案，在A3图纸上选用合适的比例画零件图；
3. 对零件图中的退刀槽、键槽等结构的尺寸应查表后绘制。

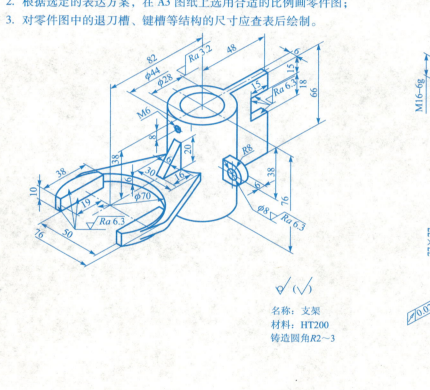

名称：支架
材料：HT200
铸造圆角R2～3

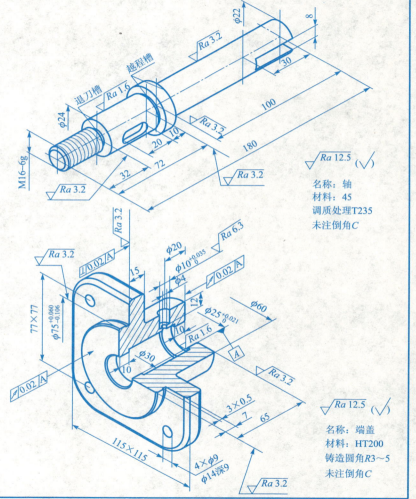

名称：轴
材料：45
调质处理T235
未注倒角C

名称：端盖
材料：HT200
铸造圆角R3～5
未注倒角C

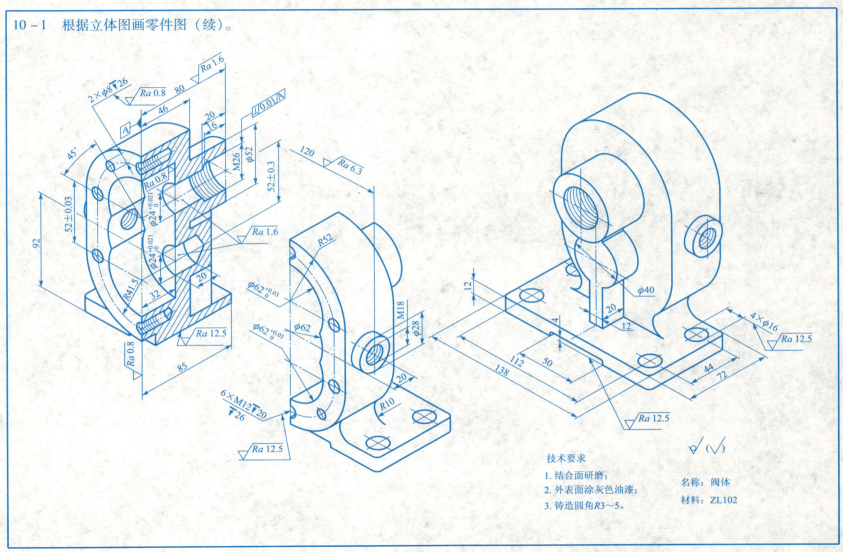

10-2 标注零件的尺寸（数值由图上直接量取并取整，俯视图中的两个小孔为通孔）。

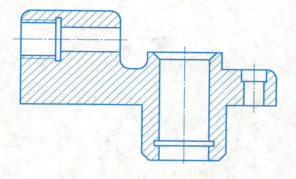
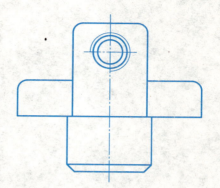
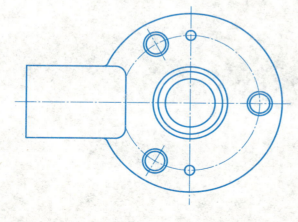

10-3 阅读"轴"的零件图,回答问题。

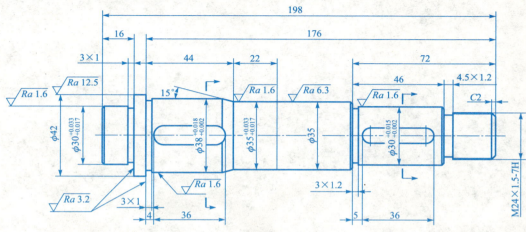

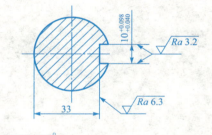

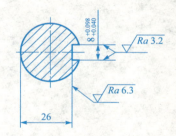

技术要求
1. 调质处理235HB;
2. 未注形位公差按IT14;
3. 未注倒角C1。

(1) 此零件图采用的表达方法有 _____。
(2) $\phi 38^{+0.018}_{+0.002}$ 的最大极限尺寸为_____,最小极限尺寸为_____,公差值为_____,若加工后实际尺寸为 $\phi 37.985$,问是否合格?答:_____。
(3) 表面粗糙度要求最高的表面有_____处,它的表面粗糙度代号是_____,解释" $\sqrt{Ra\ 25}$ (√)"的含义:_____。
(4) M24×1.5-7H 为_____螺纹,其中24指_____,1.5指_____,7H指_____,螺纹的旋向为_____。
(5) 图中标有尺寸 4.5×1.2 的结构名称是_____,它的作用是_____。
(6) 在图中指出长、宽、高三个方向的主要尺寸基准。

轴		比例		
		数量	1	材料	45
制图					
审核					

10-4 阅读"套筒"的零件图，回答问题。

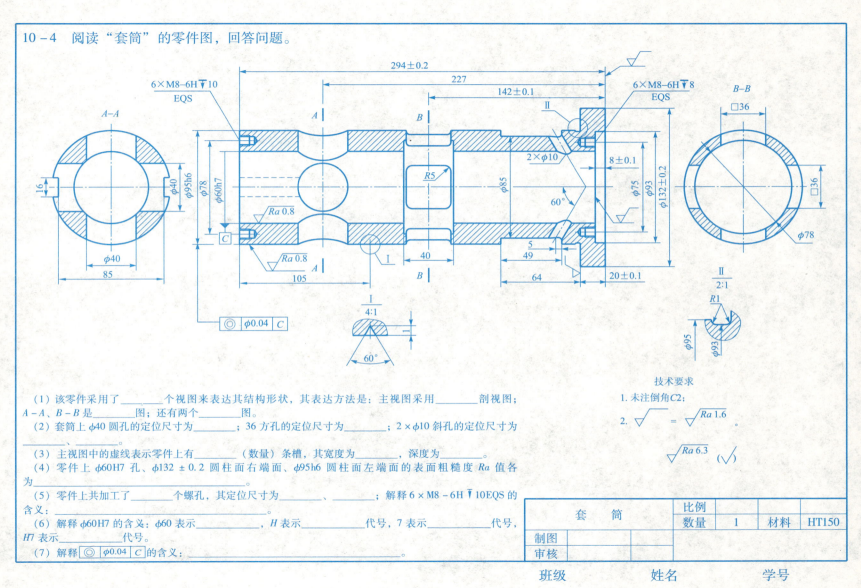

(1) 该零件采用了_____个视图来表达其结构形状，其表达方法是：主视图采用_____剖视图；A-A、B-B是_____图；还有两个_____图。
(2) 套筒上 φ40 圆孔的定位尺寸为_____；36 方孔的定位尺寸为_____；2×φ10 斜孔的定位尺寸为_____、_____。
(3) 主视图中的虚线表示零件上有_____（数量）条槽，其宽度为_____，深度为_____。
(4) 零件上 φ60H7 孔、φ132±0.2 圆柱面右端面、φ95h6 圆柱面左端面的表面粗糙度 Ra 值各为_____。
(5) 零件上共加工了_____个螺孔，其定位尺寸为_____、_____；解释 6×M8-6H▼10EQS 的含义：_____。
(6) 解释 φ60H7 的含义：φ60 表示_____，H 表示_____代号，7 表示_____代号，H7 表示_____代号。
(7) 解释 ◎ φ0.04 C 的含义：_____。

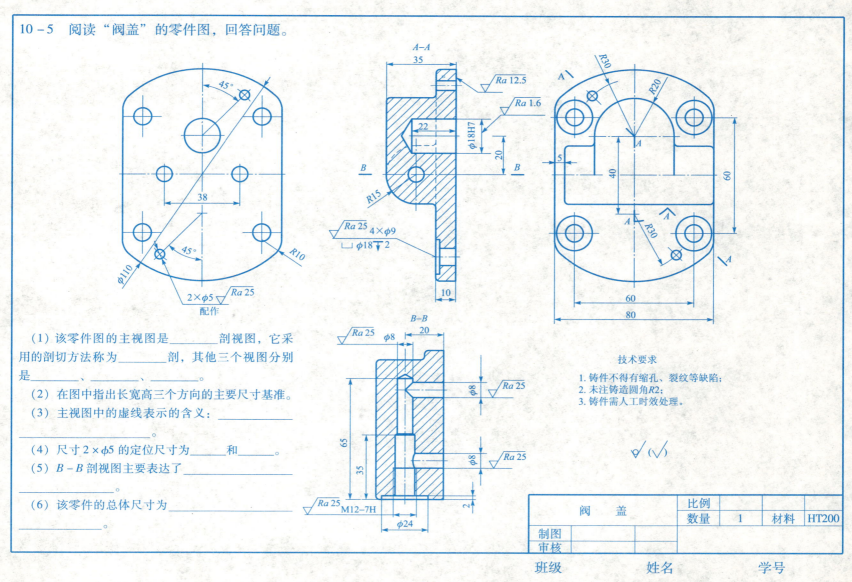

10-5 阅读"阀盖"的零件图，回答问题。

(1) 该零件图的主视图是_____剖视图，它采用的剖切方法称为_____剖，其他三个视图分别是_____、_____、_____。
(2) 在图中指出长宽高三个方向的主要尺寸基准。
(3) 主视图中的虚线表示的含义：_____ _____。
(4) 尺寸 2×φ5 的定位尺寸为_____和_____。
(5) B-B 剖视图主要表达了_____。
(6) 该零件的总体尺寸为_____ _____。

技术要求
1. 铸件不得有缩孔、裂纹等缺陷；
2. 未注铸造圆角 R2；
3. 铸件需人工时效处理。

10-6 阅读"托架"的零件图，回答问题。

(1) 在图中指出长宽高三个方向的尺寸基准。

(2) ⊥ 0.02 B 表示被测要素是_____，基准要素是_____，检验项目是_____，公差值是_____。

(3) 主视图和左视图的表达方法是_____，另外两个视图采用的表达方法分别是_____和_____。

(4) T字形肋板的定型尺寸是_____，定位尺寸是_____。

(5) 尺寸为3的槽的定位尺寸是_____，它的作用是_____。

(6) 表面粗糙度要求最高的表面是_____，它的表面粗糙度代号是_____。

(7) 该零件的总体尺寸是_____。

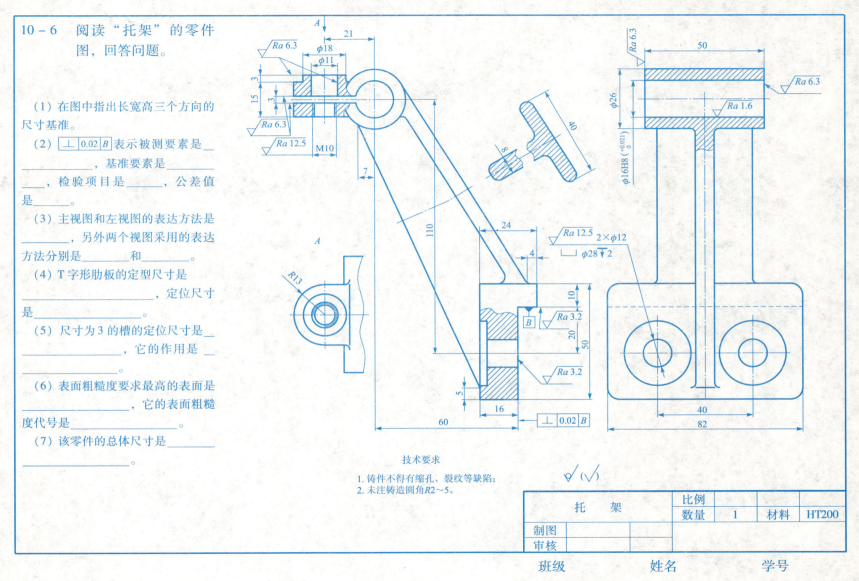

技术要求
1. 铸件不得有缩孔、裂纹等缺陷；
2. 未注铸造圆角R2～5。

托架　　　数量 1　材料 HT200

10-7 阅读"阀体"的零件图,回答问题。

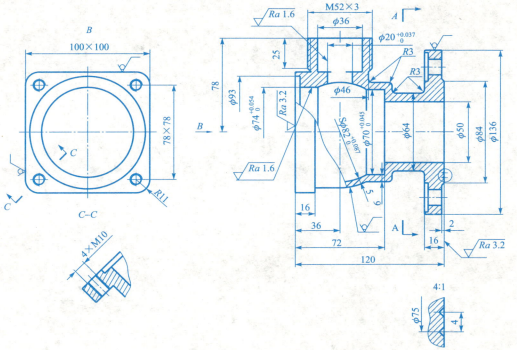

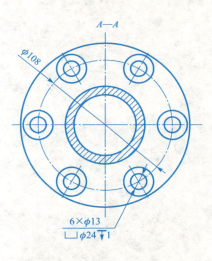

技术要求
1. 铸件需进行人工时效处理；
2. 未注铸造圆角R1。

(1) 该零件图采用的表达方法有_____、_____、_____、_____、_____。
(2) 4×M10 表示_____,该结构的定位尺寸为_____,该定位尺寸表示的含义是_____。
(3) 尺寸 $S\phi 82^{+0.087}_{0}$ 表示的含义是_____。
(4) 在图中指出零件长、宽、高三个方向的主要尺寸基准。

阀 体		比例			
		数量	1	材料	ZL102
制图					
审核					
班级		姓名		学号	

第11章 装配图

11-1 根据千斤顶的装配示意图和零件图拼画装配图。

一、工作原理

千斤顶利用螺旋传动来举起重物，是汽车修理和机械安装等常用的一种起重和顶压工具，但顶举的高度不能太大。工作时，绞杠穿在螺旋杆顶部的孔中，旋动绞杠，螺旋杆在套中靠螺纹作上、下运动，顶垫上的重物靠螺旋杆的上升而顶起。螺套镶在底座里，并用螺钉定位，磨损后便于更换修配，螺旋杆的球面形顶部套一个顶垫，靠螺钉与螺旋杆连接而不固定，防止顶垫随螺旋杆一起旋转而不脱落。

二、作业要求

根据给定的千斤顶零件图，仔细阅读每张零件图，想出零件形状，并根据装配示意图及工作原理简介，按尺寸找出零件之间相互关系，搞清千斤顶的原理和作用，画出千斤顶装配图。

千斤顶装配示意图

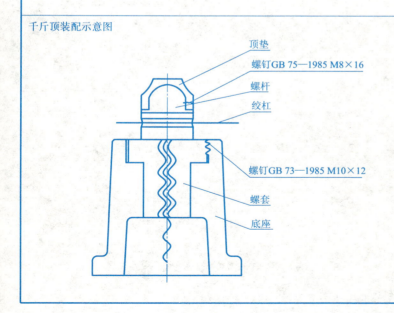

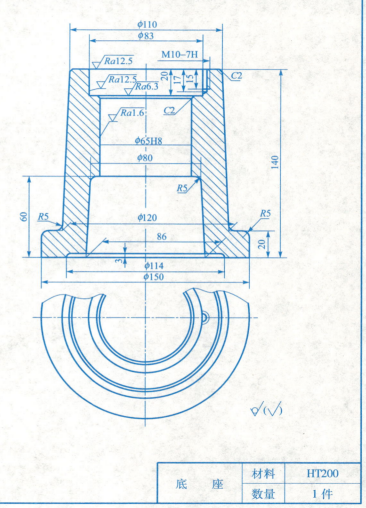

底 座	材料	HT200
	数量	1件

班级　　姓名　　学号

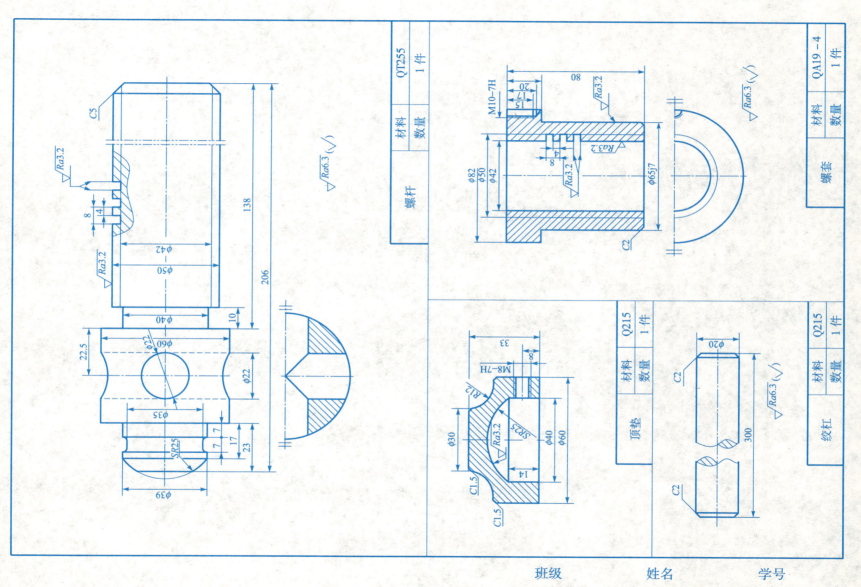

11-2 根据安全阀的装配示意图和零件图拼画装配图

一、作业要求

根据安全阀的用途和工作原理，参考安全阀装配示意图，看懂给出的零件图，画出安全阀的装配图。

二、零件明细表

序号	名称	规格	材料	数量
1	阀体		ZL101	1
2	阀门		H62	1
3	弹簧	$\phi=2.5, N=8, n=6.5$ $H=57, D=25$	65Mn	1
4	垫片		硬纸板	1
5	双头螺柱	GB 900—1988 M6	Q235	4
6	垫圈	GB 97.1—2002 6	Q235	4
7	螺母	GB 6170—2000 M6	Q235	4
8	弹簧托盘		H62	1
9	阀盖		ZL101	1
10	固定螺钉	GB 75—1985 M5	Q235	1
11	螺杆		Q235	1
12	螺母	GB 6170—2000 M10	Q235	1
13	罩		ZL101	1

三、安全阀的用途及工作原理

安全阀用来自动调节液体的压力，使压力保持在一定的范围。当右孔有压力超过额定压力时，即将阀门2流出。当右孔有压力超过额定压力时，即将阀门2推开，液体从回路（左孔）泄出。当压力下降至额定压力时，此时阀门2借弹簧的压力即封闭回路。额定压力的大小，用螺杆11来调整弹簧实现，压力调整后，用螺母12紧固。

阀体1上部腔内的四个槽与回路导通，否则会影响阀门2的起跳。阀门上的两个小小孔用来排泄潜入的液体。为增加阀门门上的M6为工艺孔，在阀门与阀座研磨时安装螺杆，罩13用来保护调整好的零件11、12不受外界影响。

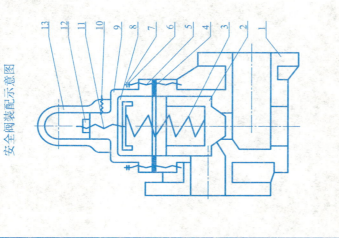

安全阀装配示意图

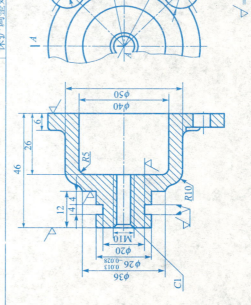

阀盖 ZL101 1件

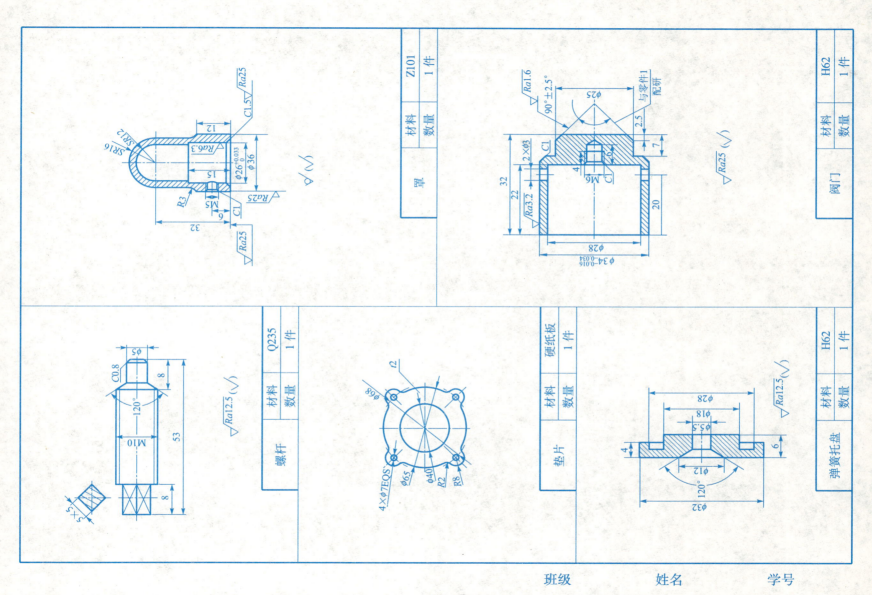

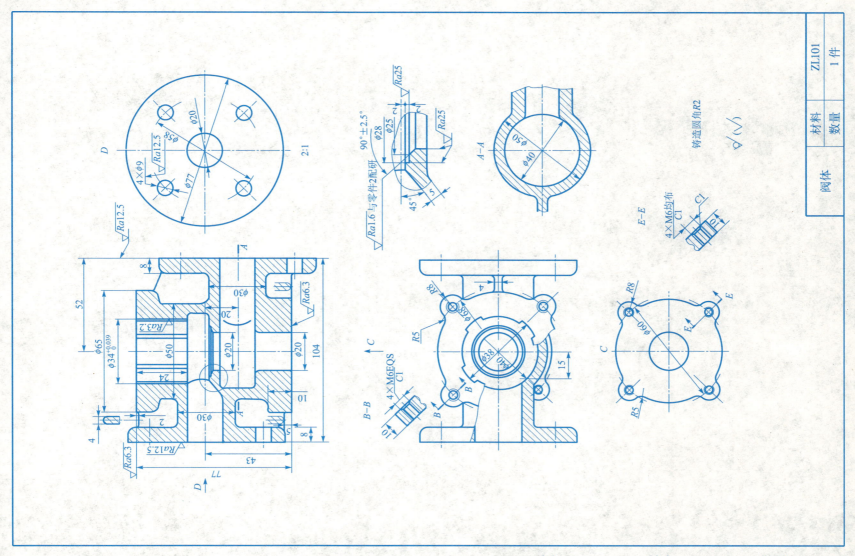

11-3 根据减速器的装配示意图和零件图拼画装配图。

一、工作原理

右图所示为一级圆柱齿轮减速器，输入轴为件25，它由电动机通过带轮带动，再通过 Z1、Z2 两齿轮啮合而带动输出轴31实现减速。

轴25和31分别由一对滚动轴承6204（件27）和6206（件20）支撑，轴承安装时的轴向间隙有调整环26和19调整。减速器采用稀油飞溅润滑，箱内油面高度通过圆形塑料油杯2进行观察，通气塞7的作用是为了随时排放箱内润滑油受热后挥发的气体和水蒸气等，螺塞14为换油清理时用。

二、作业要求

根据减速器的用途和工作原理，参考减速器装配示意图，看懂给出的零件图，画出减速器的装配图。

三、标准件表

序号	名称	规　格	材料	数量
3	销	GB/T 117—2000 3×18	35	2
6	螺钉	GB/T 65—2000 M3×10	35	4
8	螺母	GB/T 41—2000 M10	Q235	1
10	螺栓	GB/T 5780—2000 M8×65	35	4
11	螺栓	GB/T 5780—2000 M8×25	35	2
12	垫圈	GB/T 93—1987 8	65Mn	6
13	螺母	GB/T 41—2000 M8	Q275	6
15	垫圈	GB/T 97.1—2002 10	Q235	1
17	键	GB/T 1096—2003 10×22	45	1
20	滚动轴承	6206 GB/T 276—1994		2
23	毡圈		毛毡	1
27	滚动轴承	6204 GB/T 276—1994		2
30	毡圈		毛毡	1

减速器装配示意图

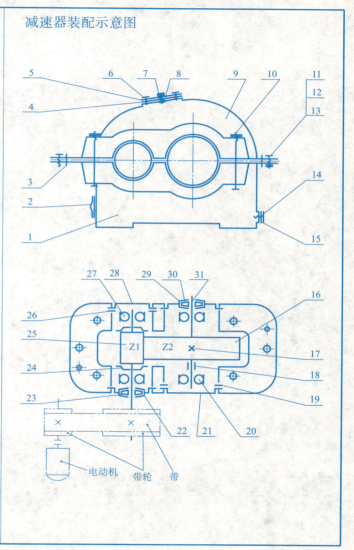

班级　　　姓名　　　学号

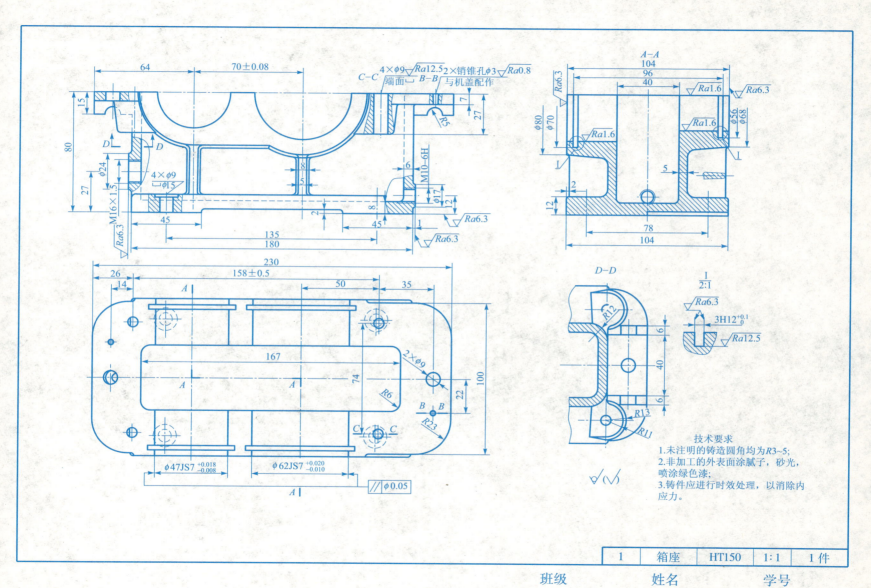

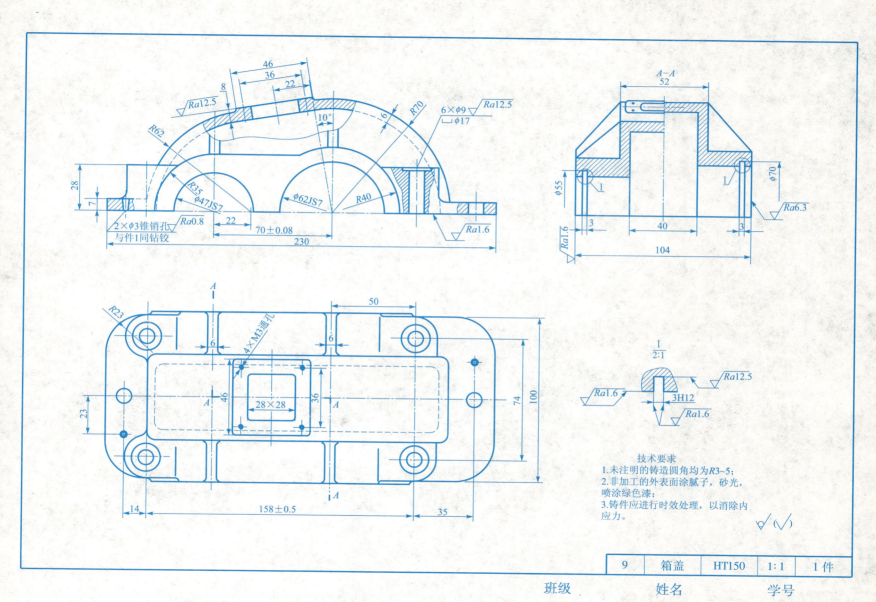

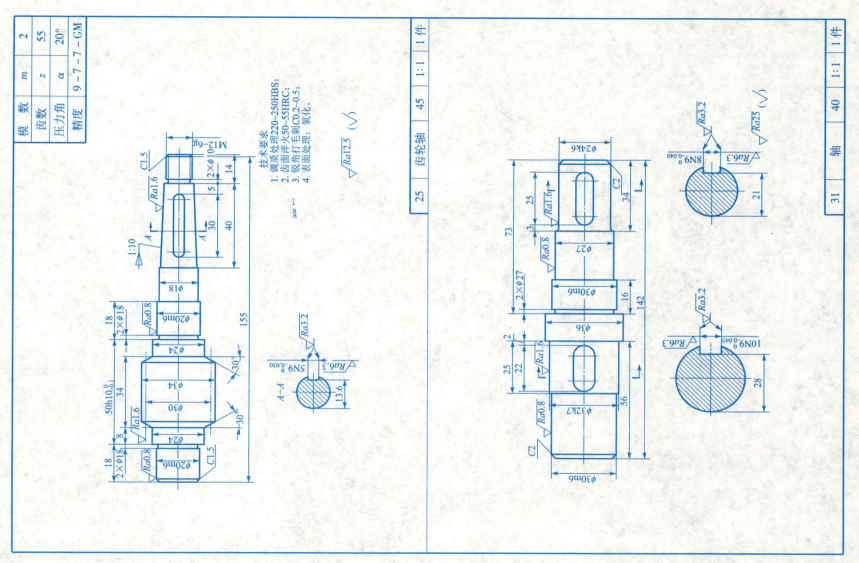

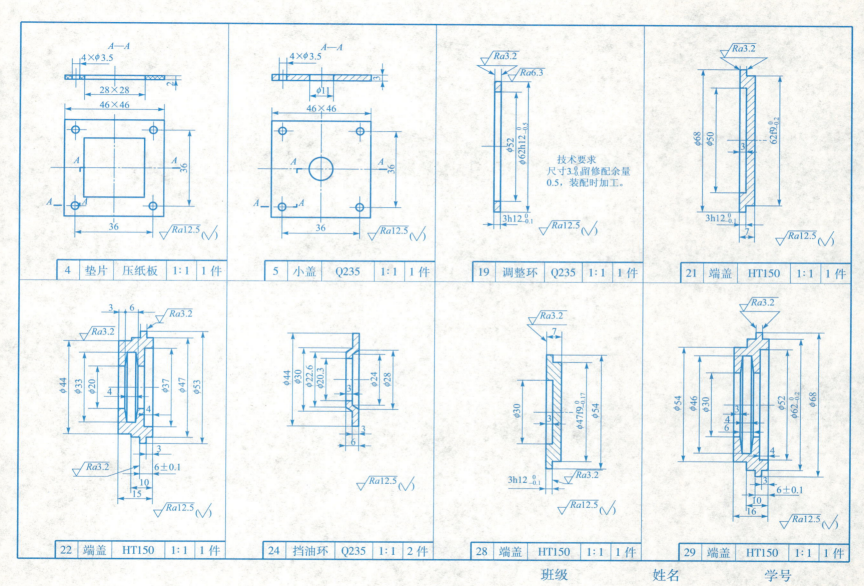

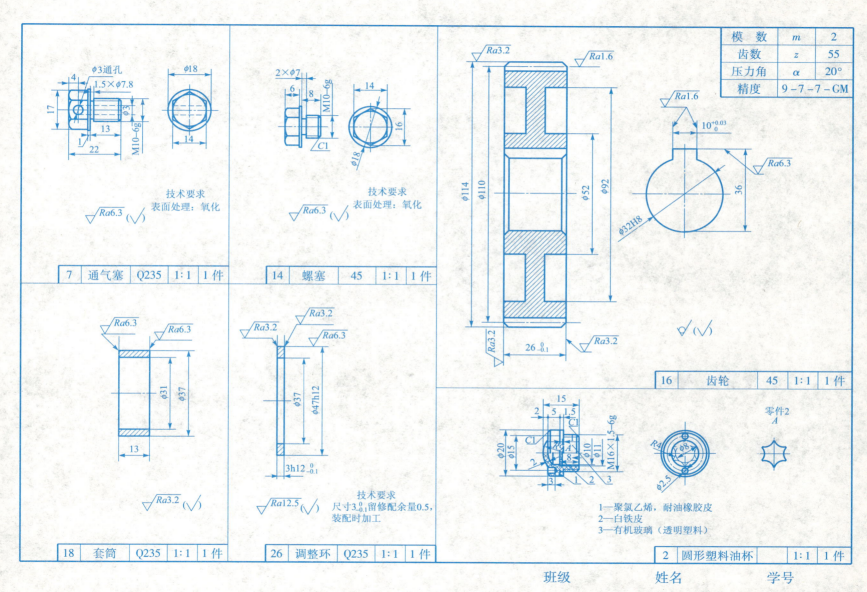

11-4 读"虎钳"装配图（图见第78页），并回答问题。

一、工作原理

虎钳是用来夹持工件进行加工用的部件。它主要由固定钳身、活动钳身、钳口板、丝杠及螺母等组成。丝杠固定在固定钳身上，转动丝杠可带动螺母作直线移动，螺母与活动钳身用螺钉连成整体，因此，当丝杠转动时活动钳身就会沿固定钳身移动，这样钳口闭合或开放用以夹紧或松开工件。

二、读图回答问题

1. 该装配体的名称是_____，由_____种零件组成；标准件的件号有_____。

2. 丝杠1逆时针旋转，丝杠螺母7是移动还是转动？_____，钳口是张开还是闭合？_____。

3. "3号零件 A 向"图形是装配配图中的_____表达法。

4. 尺寸 $\phi 20 \frac{H8}{f7}$ 是件号_____和件号_____的配合尺寸，其中 $\phi 20$ 是_____尺寸。H8 表示_____，f7 表示_____，属于基_____制_____配合。

5. 按装配图的尺寸分类，（0~70）属于_____尺寸，150属于_____尺寸，16×16属_____尺寸，260属于_____尺寸。

6. 欲拆卸下丝杠1，必须先旋下件号_____，取出件号_____，再旋出件号_____，即可完成拆卸。

7. 件号7与件号6为_____连接，与件号1为_____连接，与活动钳身5为_____配合。

8. 拆画固定钳身（件号3）的零件图。

11-5 读"顶尖座"装配图（图见第79页），并回答问题。

一、工作原理

顶尖座是铣床上的一个附件，它通过底座11下面的定位键（图中未画出）与铣床工作台上的定位槽用螺栓、螺母将其定位、紧固。它与铣床上另一附件（分度头）共同支承工件，以便加工。转动手柄1，通过套2和销连接螺杆5，在尾架体4的螺孔内左右移动，同时通过板3和销连接的顶尖套6，带着顶尖7也在尾架体的孔内移动，因而能顶紧或放松工件。

在顶尖顶紧工件后，转动夹紧手柄16，使夹紧螺钉15与套14从前后两个方向压紧尾架体，在反方向转动夹紧手柄时，使尾架体的孔放松顶尖套。

顶尖的高度可通过调整尾架体的高度来实现，此时松开螺母，旋转升降螺杆8，由于定位卡10的作用，升降螺杆只能转动，不能上下移动，这时装在定位刻度板孔内的定位螺杆9，带着定位刻度板与尾架体作上升或下降移动。

调整顶尖轴线角度时，将夹紧手柄16、螺母等全部松开，然后扳动捏手，使顶尖的轴线绕夹紧螺钉旋转，在 $-5°\sim15°$ 范围内调整倾角。

二、读图回答问题

1. 说明顶尖座能实现哪几种运动，以及实现每种运动的具体操作步骤。

2. 说明升降螺杆8下端（定位卡10的下方）的螺纹有何作用。

3. $A-A$ 剖视图上的尺寸 34H7/js6 属装配图上的何种尺寸？分别说明 34、H7、js6 的含义。

4. 看懂"顶尖座"装配图，拆画底座（件号11）的零件图。

班级　　　姓名　　　学号

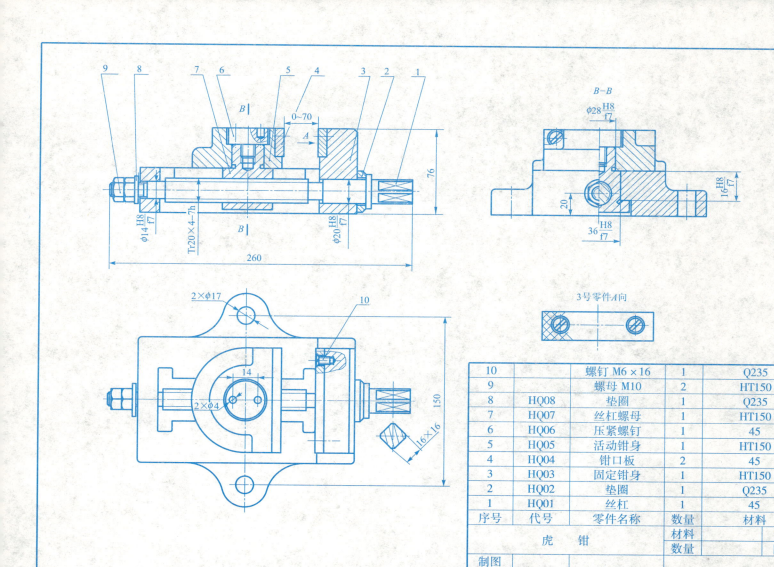

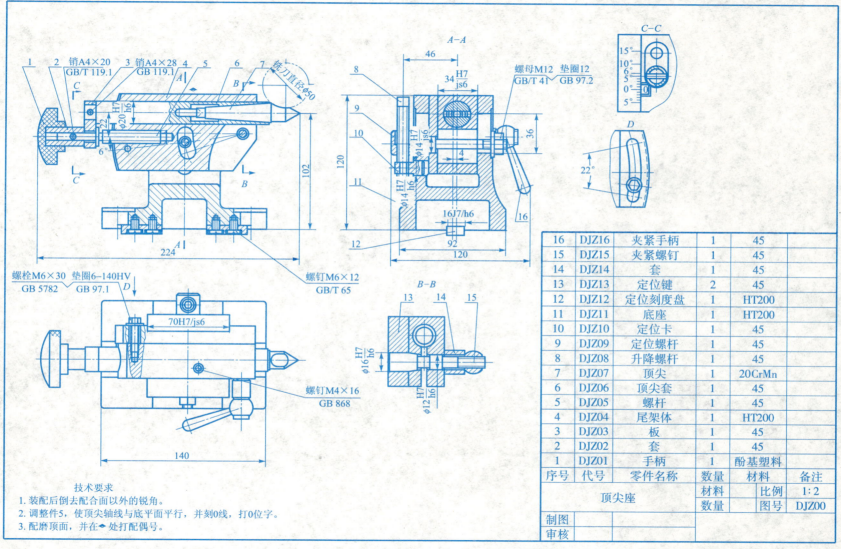

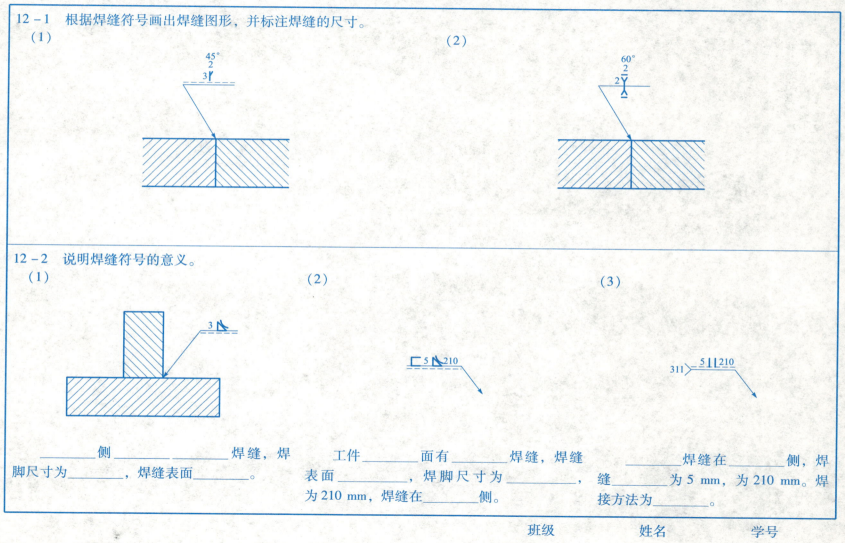

12-3 阅读"支座"焊接装配图。回答问题。

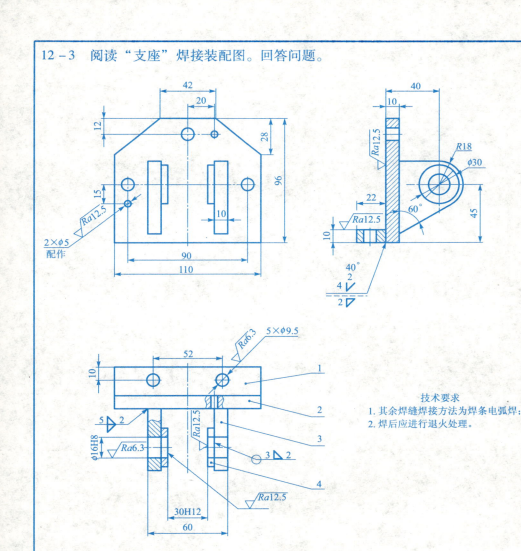

（1）焊接件"支座"由_____个构件焊接而成，它们所用的材料都是_____，焊接方法是_____。
（2）看懂各构件的结构形状、尺寸和技工要求，从而得到其整体形状和结构，其中"支撑板"的形状尺寸为_____，它的定位尺寸为_____。
（3）图中有三处标注有焊接符号，分别解释他们的含义，并指出是哪几个构件之间的焊接标识。

5▷2：_____

○3▷2：_____

40°
4∨2：_____
 ∨2

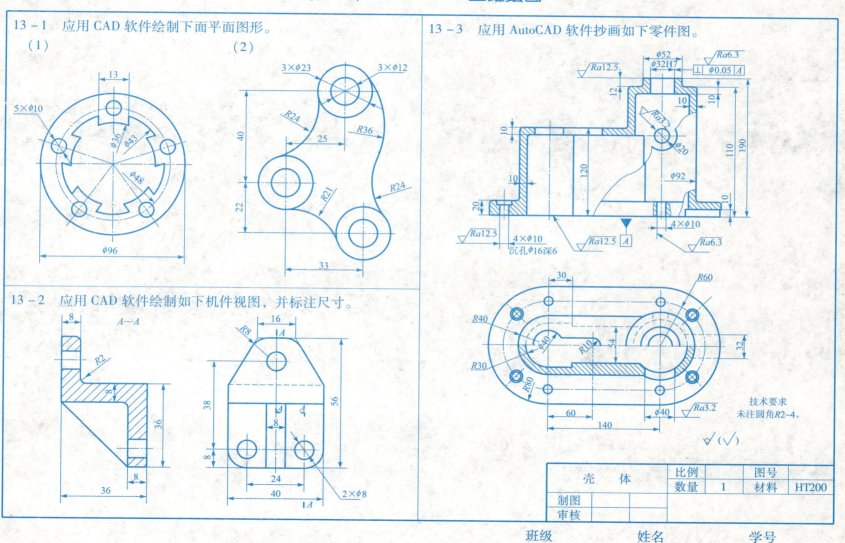

13-4 应用 CAD 软件抄画如下装配图。

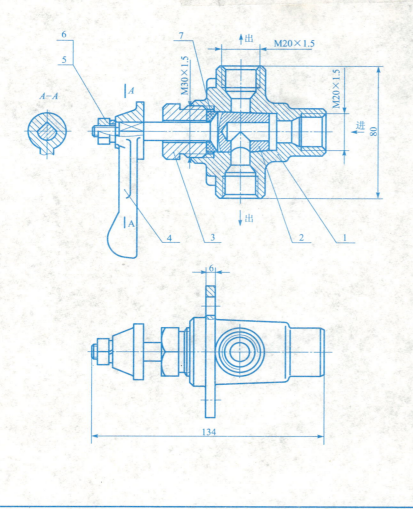
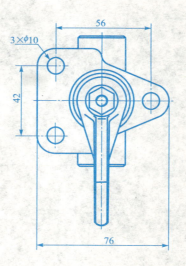

7	填料	1	石棉	
6	螺母 M10	1	A3	GB 6170—86
5	垫圈 10	1	65Mn	GB 93—87
4	手柄	1	HT200	
3	锁母	1	HT200	
2	阀门	1	A3	
1	阀体	1	HT200	
序号	名称	数量	材料	备注

换向阀	比例		图号	
	数量	1	材料	
制图				
审核				

班级　　　　姓名　　　　学号